摄影视觉训练

裁出佳片

丁允衍 著

中国摄影出版社

China Photographic Publishing House

目 录 CONTENTS

◎ 探求培养摄影眼光的方法——一个摄影构图教学方法的缘起

1977年，在山西省兴县文化馆第一次举办的摄影培训班上，来自乡（当时的公社）文化站、有关单位的摄影人员和爱好者都纷纷拿出自己拍摄的照片，希望得到指点。"怎么才能拍出好照片"成了培训班从始至终的话题，这个话题紧紧围绕着"构图"，我开始尝试用照片裁剪的方法为大家的照片做点评。虽然由于摄影造型理论的系统性不够强，点评显得乏力，但是用"『 』"型的纸板条比划，对照片进行裁剪后重新观看的方法依然引起了大家对摄影的浓厚兴趣。有学员说："照片一经裁剪，就改变了摄影人对拍摄对象的看法。"经过三次培训班的课，我感到照片裁剪不失为培养摄影眼光的好方法，但必须要具备一定的摄影造型理论基础。培训工作促使我开始了对摄影造型系统理论的思考。37年过去了，这一思考令我难以忘却。

1986年，我在山西省电影电视学校讲授摄影基础课程，为了给同学们一个更为明晰的学习路径，我结合自己对造型原理的初步研究，绘制了摄影实用原理的基本架构及其关系示意图，在学习摄影造型基础理论的同时，结合照片裁剪案例教学，在教学中颇见成效。大家说："经过学习，看东西的方式变了。"28年前的这段教学经历也给我留下了很深的记忆。

不觉就到了2006年，我业余在中国信息大学授课，教新闻摄影课程，当年对摄影实用原理的基本架构及其关系的研究在基础课程教学中发挥了作用。

摄影构图是摄影基础教学的重要内容，在这个基本架构中，"构图"只是一个造型手段。然而，正是这个手段牵动了整个摄影，摄影的三大实用原理的学习最终都是为了付诸"构图"的实现，摄影构图最终作为一种形象表述的呈现方式，成了摄影原理的基本归宿。即便是在新闻事件的拍摄中，"构图"同样成了摄影记者瞬间判断力的一种形式理

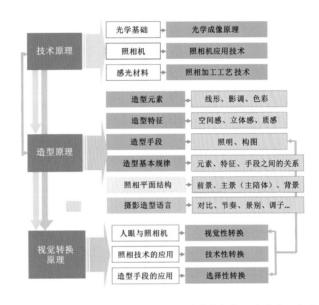

摄影实用原理的基本架构及其关系示意图

念。我注意到，学习照片裁剪的目的不仅是为了裁出好照片，更是为了拍出好照片，学裁剪是为了不裁剪。因此，照片裁剪教学的重点是要说清楚这张照片"怎么裁""为什么这样裁""为什么这样裁就比那样裁更合理"，即阐明裁剪思路、目的、方向和结果，结合造型原理进行比照和引导讨论，意在把每一次的裁剪结果变成下一次拍摄的形式思考，其最终目的是培养和提升摄影眼光。8年前的教学实践打下了"照片裁剪教学方法"的基础。

2009年，我在水利部老年大学教授摄影课程。老年大学的教学安排是每年分春、秋两个学期，每学期4个月32个课时。从开学到结业，我在每堂课上都安排30分钟左右的习作点评。即使是新入学的同学，我也要求他们在开学前每人交3至5张自己认为拍得最好的照片，在第一节摄影课上就做点评。每堂课都会布置作业，每周的2个课时之外都是作业时间，在下一堂课上进行作业点评。互联网使收作业变得更加及时，计算机使照片裁剪教学变得更加直观，就这样照片裁剪教学自始至终贯穿习作点评课，贯穿摄影基础课程，至今已近6年了。

本书采用的照片均为同学们和初学者的摄影习作，基本上都是摄影培训最初二三年间4至6个学期的造型训练习作。在这期间的习作中，能够明显地看到同学们视觉判断力的提升，从无法裁剪的照片（一般记录的照片）到可裁剪的照片（有表述意图的照片），再到很难裁剪的照片（趋于表述严谨的照片），显示出较大的视觉跨度。大致在学习3年后，这种不尽完善的可裁剪的习作就大幅减少了，习作中陆续出现了画面布局比较严谨、相对个性化的作品，在取材、主题、内容、表现形式、技术应用等方面也产生了个性差异，其中不少优秀习作堪称佳作。2010年，为了有利于大家的学习和提高，水利部老年大学开始了基础班和提高班的分级制设置，但贯穿照片裁剪教学的"习作点评"一直受到同学们的欢迎。

照片裁剪教学方法的应用，使同学们从摄影入门起就开始受到照片裁剪后的平面视觉影响，到学习造型原理后继续这种照片裁剪的视觉体验，视觉素养不断提高，直接影响到每一个学习者的形式理念和构图实践。这是运用照片裁剪教学方法，通过"习作点评"把摄影构图教学贯穿并融入摄影基础教学的结果，照片裁剪教学方法发挥了其特殊的作用。

◎ 培养摄影眼光要有理论支撑——对本书的主旨和导向的思考

时下对培养"摄影眼光"的说法颇多，然而若忽视摄影造型的基础理论及其系统学习，则会导致培养摄影眼光只能停留在缺乏理论支撑的盲目实践上，除了多看还是多看，除了多拍还是多拍，全然摸着石头过河。模仿多了，创新少了，造成了千人一面的状况，显然缺乏理论的教学和指导难辞其咎。

而事实上，摄影构图教学的要义首先是学习摄影观看的规律，"多看"要讲怎么看，"多拍"要讲怎么拍，然后才是在不断的实践中学会"用自己的眼光去看事物"。照片裁剪只有在相应的理论指导下，才能够成为培养和提升摄影眼光的途径。

摄影大师亨利·卡蒂埃－布列松的作品曾长时间保留了洛特艺术学院对他的影响，极具构图的韵味。1952年，他为自己的专著《决定性瞬间》（*Image à lasauvette*）写了一篇如同宣言书一样的前言，坚定地论述构图的第一重要性："为了使一个主题能够扣人心弦，必须精致地安排构图……""摄影对于我来说，就是重新认识各种面、线组成的有节奏的现实……"或者更远的一层含义："构图应该成为我们始终关注的东西。"他对几何的迷恋，对黄金分割的尊重，对照片几何学特征的预先考虑，都源于对形式规律的认识和把握。洛特的影响成了他的理论支持，这种符合摄影观看规律的"决定性瞬间"成就了一位大师，成就了无数经典。

于是在3年前，我便按照摄影造型原理的系统脉络，着手整理同学们的习作，希望把照片裁剪教学方法介绍给同仁及广大摄影爱好者。

本书收集的大多数是"问题照片"，有朋友提出，应该收集世界摄影名作，介绍名家的裁剪方法。我没有完全接纳这个意见，不是因为这个想法不好，而是与我的"照片裁剪"教学理念有较大的偏差，我不希望只是告诉大家好照片是怎么裁出来的，而是希望能够尽力告诉大家好照片是怎么拍出来的。我不希望自己的成书只是"授人以鱼"，而是希望通过照片裁剪教学法"教人以渔"。虽然如此，我还是选择收集了一部分20世纪中叶在我国盛行双镜头反光相机期间，我国老一辈摄影家的照片裁剪案例。因为那是一个传统摄影年代，双镜头反光相机没有可变焦距的镜头，又受到固定胶片格式的限制，照片裁剪几乎成了摄影的必然程序。希望当年摄影名家的照片裁剪案例，能够对今天人们学习摄影构图有所启迪和帮助。

如今，数码相机的技术功能已经相当完善了，我曾想，倘若那些老摄影家们尚健在并能够继续拿起新型数码相机的话，肯定不需要后期裁剪了。显然，"照片裁剪"是对摄影构图的一个认识过程，一个学习造型原理、掌握形式规律、提升理念、反复实践的过程。从拍摄、裁剪、对照，到再拍摄、再裁剪、再对照，"照片裁剪"似在摄影实践和摄影理论之间架起了一座特殊的"摄影观看"的桥梁。

◎ 培养摄影眼光要讲究学习方法——对本书学习要点的梳理

本书的书名前有一则引题，即"通过裁剪学构图 轻松培养摄影眼"。说实话，"培养摄影眼"并不是一件轻松的事情，这里"照片裁剪"提供了一种培养摄影眼的方法，方法对头了，就能少走弯路，学习就能够相对轻松一些。本书收集的照片大都反映了初学者在拍摄中常见的问题，书中结合造型基础原理，通过裁剪纠正毛病，并且指出问题存在的原因，以期在拍摄中克服问题，遵从形式规律，培养和提升摄影眼光。

为此，笔者将本书所讨论的"照片裁剪"就概念定位、理论依据、主旨方法等方面做了必要的梳理，包括以下8点，希望对本书的阅读有所帮助。

1.定位。照片裁剪是在静态平面中学习构图，这样便于掌握形式规律，培养摄影眼光。因此，照片裁剪是摄影构图教学中的一种直观的实证性方法，也是摄影构图教学的一个有效途径。

2.主旨。学习照片裁剪是为了拍好照片，学习照片裁剪是为了不裁剪。因此，学习照片裁剪的目的是为了进一步学习如何"现场选择、实景提炼"，这样才能够培养和提升摄影眼光。

3.依据。学习照片裁剪是有理论可依的。不同的摄影门类具有不同的个性特点，但就摄影构图而言，不同的摄影门类必然具有共性，这就是摄影造型原理，它包括造型基础、平面结构、形式语言、造型特质等。因此，摄影造型原理便是本书阐述照片裁剪的理论依据。

4.寻求规律。对于一张照片的构图来说，照片裁剪并不一定是唯一的方式，但一定是最合理的。每张照片不同的裁剪结果，都能够为日后的拍摄提供构图的思路。

5.重在应用。照片裁剪的学习从根本上提供了一种"深入提炼"场景的思路和方法。要弄懂每张问题照片"为什么这样裁剪"，要在照片裁剪的过程中学习构图形式规律，要把照片裁剪的结果和平面形式应用在拍摄实践中。

6.裁剪如同拍摄。照片裁剪和摄影创作一样，要"内容着眼，形式着手"，裁剪针对的内容是指画面主体，确切地说是主体形式的位置和大小。因此，仍要从主题切入，用造型分析，确定裁剪思路。就"形式"而言，裁剪与拍摄一样是有规律的。

7.在拍摄中裁剪。照片裁剪是摄影创作过程中的一种重要方法，并非必然手段。如今数码相机提供了即拍即显的便利，在现场改变拍摄视点、拍摄位置，边拍摄、边思考、边调整，同样是一种"裁剪"。

8.为了创新。学习照片裁剪关键是掌握规律，照片可以依照规律"裁剪"，实际拍摄对象也可以依照规律"取景"，依规而学才能越矩而行，在实践中创造性应用。

我经常想，"全民摄影"时代的到来似乎并不应该简单归结于数字影像技术的出现，而是当今人类对读图、写图的直接需求的增长，是长时间以来人类对影像需求与影像技术互动发展的结果。因此，今天的人们渴求学习摄影，并不都是为了成为摄影家，而是为了真正懂得摄影。

希望在系统理论指导下的照片裁剪教学方法，能够为摄影大众化时代"全民摄影"的教育普及尽一点心、出一把力。

第一章 关于照片裁剪

第一节 从一幅摄影名作谈起

《作曲家伊戈尔·斯特拉文斯基》是一幅为多数摄影人所熟悉的摄影作品，这幅被称为环境肖像的经典之作使阿诺德·纽曼一举成名，从而成就了一位20世纪称誉世界的美国著名环境肖像摄影大师。

据有关资料，阿诺德·纽曼为这位作曲家拍摄了8个不同角度的画面，我们可以从其中的4幅画面中（图1－图4）看到阿诺德·纽曼在拍摄这位作曲家时表述意图的变化和逐步接近他心中构思的过程——他不断加大钢琴的环境空间，不断拉大环境和人物的对比。在确定了钢琴、环境和人物的大小关系之后，他又连续拍摄了8个不同的画面（图5）。在图5中的最后一张照片上，他打了3个"√"，并画有裁剪线。在资料中，我们还看到了相同构图的画面，打有两个"√"（图4）并画有几乎相同的裁剪线。在有限的资料中，我们并不清楚阿诺德·纽曼当时到底连续拍摄了几幅这种构图相同的画面，但是我们已经非常清楚地看到了决定最后构图的裁剪线，一幅经典力作在裁剪之后便诞生了（图6）。

阿诺德·纽曼毅然决然地裁去了画面中凡是能够表现主体和陪体的确定性成分——完整的人物仅留下了脸部和手，明显的墙角仅留下了灰和白的块面，完整的钢琴仅留下了黑色的琴盖和三脚支架，画面中所有的具象都被一一解构了，墙角作为环境、钢琴作为乐器的意义均成为一种抽象化的符号，成为主体人物身份的象征物。裁剪的结果打破常规的

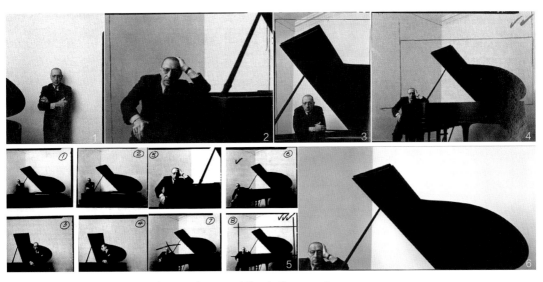

《作曲家伊戈尔·斯特拉文斯基》，[美国]阿诺德·纽曼，1946 年

构图法则，以线形大小作对比、以黑白灰作对比，用极富视觉冲击力的对比之美表现了这位作曲家及其高亢、激昂、粗犷的作曲风格。

因此，有人说"这张照片的成功是靠裁剪出来的""裁剪才是这张照片成功的秘诀"。大概正因摄影史上有不少照片裁剪成功的例子，历来多数摄影人重视"裁剪"，将其视为"摄影的二次构图"，甚至是"二次创作"。

在阿诺德·纽曼上述作品的拍摄过程中，我们的确看到了"裁剪"的重要性，也看到了所谓"二次构图"和"二次创作"的含义。因此，长时间以来有相当多的摄影人把"裁剪"视为摄影创作过程的必然步骤，于是有不少摄影人认为，拍摄时的画面构图要留有余地，甚至认为要多用广角，以备后期裁剪，等等。这样的观点和做法，显然是对摄影的误解。

我们应该注意到阿诺德·纽曼在拍摄过程中是如何思考的，如何不断改变构图。也就是说，他在不断改变自己对拍摄对象表述的看法。显然，真正的成功是源于他在拍摄过程中不断加深对拍摄对象的认识和理解、不断对其表述形式进行深入的思考、不断调整构图（如同数码时代的现场调整和裁剪），如果没有摄影的"一次构图"，又怎能谈得上"二次创作"呢？

第二节　重新认识"照片裁剪"

"照片裁剪"这种图像处理方法到底始于哪个年代，史料中并没有确切的考证和记载。按照推理，应该是在摄影先驱、英国科学家塔尔博特发明"正－负成像工艺"之后应运而生的，因为"正－负成像工艺"为照片的二次处理提供了条件。因此，在胶片时代，"照片裁剪"得到了广泛应用，成为暗室工艺中后期艺术处理的一项重要内容。如今，对于数字图像的裁剪仍然是图片应用软件中不可或缺的操作项目。尽管模拟图像和数字图像的裁剪处理手段发生了很大的变化，操作从暗房到了亮房，由繁复变得简单，但处理的实质并没有改变，其实质就是通过"照片裁剪"使画面更接近完美，主题更加鲜明，主体更加突出。

任何一张被裁剪的照片，在表面上都是缩减了原有的画面景别、改变了原有的画面格式，根本上却是调整画面语言、简化造型元素。

因此，我们可以这样定义"照片裁剪"：照片裁剪属于摄影的艺术处理范畴，是一种对照片进行二次构思和再处理的方法，具体是指在拍摄后冲洗出照片或数字成像之后，通过调整画面语言、简化造型元素，对画面的平面结构进行再调整，以期达到突出主体、强调线形走势、改善主体和陪体关系的目的。

一、照片裁剪的分类

1. 事先准备的裁剪

是指在拍摄时就有准备的裁剪。这种裁剪主要是调整画面景别和画幅格式。

（1）调整画面景别

在这里，与其说调整画面景别，不如说是缩减画面景别，其目的是尽可能裁去与画面主题无关的景物，使画面结构中的主体更突出、线形走势更明确、主体和陪体的关系更合理。比如，前面谈及的《作曲家伊戈尔·斯特拉文斯基》，按照人物的景别分类，原照为全景画面，室内墙角边放置了一架钢琴，作曲家依琴而坐，画面中的环境十分具体，整体结构略显松散。裁剪后的画面变为近景，裁去了不利于说明主题的具象部分，如明显的墙角、完整的钢琴、全身人物坐姿。裁剪后的主体人物集中为面部和手势，加大了人物与钢琴的对比关系、钢琴和背景之间产生的纯粹的影调关系。裁剪后的画面结构变得紧凑，具体景物趋于抽象，更符合表现一位作曲家的主题。

不难看出，阿诺德·纽曼在拍摄过程中已经确定了最终的画面布局，只是为了选择人物的表情而反复拍摄了多幅构图相同的画面。从摄影家在构图相同的照片上所画的裁剪线来看，事实上在拍摄过程中摄影家的心里已经逐步明确了后期照片的裁剪位置。

在拍摄时，我们经常会遇到拍摄位置受到限制的情况，难以靠近被摄物体，镜头焦距不足，画面构图无法一次到位。所以，在拍摄前需要事先考虑好实际画面的位置，以便在成片后有目的地裁剪。

（2）调整画面格式

在实际拍摄中，如果遇到非常理想的正方形构图的景物，而我们使用的是3：2的长方形拍摄格式，这时我们就要预先考虑好横画幅左右的裁剪位置，便于后期裁剪。过去，人们经常使用120方画幅相机拍摄长方形画面，需要在拍摄时预先考虑好方画幅上、下或左、右的裁剪位置，以便后期裁剪。实际拍摄时，我们还会遇到横、竖画幅的选择，有时会横画幅和竖画幅都拍，可以后期进行裁剪比较。

2. 后期调整的裁剪

是指在拍摄现场思考不够全面、不够明确，缺乏事先准备或准备不足的情况下拍摄的画面，必须有赖于后期重新调整的裁剪。就"裁剪"来说，这种调整显然十分有限，除了改变照片画面的景别和画面的格式之外，几乎难有作为。因此，后期调整更需要运用裁剪的思维，对画面结构和画面立意进行重新审视和分析。

摄影的思维是从立体视像到平面影像的表述过程，而裁剪的思维是从平面影像再到平面影像的表述过程。裁剪的思维方法经常迫使我们面对一幅已经成为照片的平面影像重新进行三维思考，相当于在同一个拍摄位置用"数码变焦"方式对景物的平面结构再次进行主体判断和布局处理。尽管照片裁剪只能够改变景别，但裁剪思维的出发点仍然是画面的主体或视觉中心，主体、陪体和前景、背景的呼应关系，以及画面的线形走势。在裁剪的过程中，我们经常需要从画面立意入手，由明确的画面立意（或新的画面立意）对原有的画面结构做出调整，也可能在调整画面结构的过程中产生新的画面立意。

（1）分析画面立意

在裁剪前，必须分析照片的主题立意，这张照片在说什么？想说什么？画面表述了一个什么样的主题？

（2）分析画面结构

要分析画面的平面结构，即平面影像是如何表述画面主题的；分析两个关系——画面的主体（或视觉中心）和陪体（主景）与主题的关系，画面的前景、背景与主题的关系；分析原画面的主体是否明确，是否突出，主体和陪体的关系是否合理，线形走势是否集中。

（3）分析造型语言

要分析画面造型语言的运用，即原画面的光线条件，画面中景物的线形、影调和色彩的关系，画面对景物之间的对比、节奏的利用，以及画面原有景别、基调和均衡感的处理。

（4）调整画面布局

上述分析的最终目的是在原画面中找到与画面主题无关的影像，找到有碍主题表述的线形、影调和色彩，然后重新调整画面布局，即裁去无关的影像、裁去有碍的造型元素，以使画面主体更突出、线形走势更明确、主体和陪体关系更合理，使画面更加切题、更加简洁。

事先准备的裁剪是现场思维的延续，即一次构思的延续，是主动的深入；而后期调整的裁剪是裁剪思维，即二次构思，是被动的补救。事实上在摄影实践中，纯粹依赖于后期调整的裁剪，即缺乏一次构思、完全依赖二次构思的情况对一位成熟的摄影人来说并不多见，出现这种问题的往往是初学者，而且这样裁剪的成功概率也很低。而大多数情况是两者并存，即事先有准备，但准备不足，由于多种原因导致一次构思不够充分而求助于二次构思。因此，摄影需要掌握照片裁剪方法，不只是应用图像软件进行裁剪操作，而是充分运用裁剪思维。

在拍摄实践中，艺术门类的拍摄大多是事先有准备的裁剪，如风光、人像、静物等，而后期调整裁剪的情况在新闻、纪实门类的拍摄中尤其多见。很明显，这是由摄影门类不同的现场特点决定的：艺术门类的拍摄现场相对稳定，拍摄时比较从容；而新闻和纪实门类的拍摄现场相对复杂，增加了许多不确定性，常有即兴的拍摄，因此也增加了后期裁剪的必要性和重要性。但是不论什么门类和题材，画面的形式规律是相通的，都可以应用和参照。

二、照片裁剪的特点

1."裁剪"是静态平面图像调整构图的特有方法

电影图像、DV图像是动态的，不能够裁剪，而照片是可以裁剪的。于是有人认为，电影、电视的构图要比摄影严谨，拍摄要求也更为严格，这是一种误解。照片可以后期裁剪并不意味着就可以放宽构图和降低拍摄要求，这种图像的二次处理方法不是每张照片的必然步骤，只是在拍摄现场环境、技术设备难以企及的条件下，提供了可行而且必要的后期调整余地。

2."裁剪"是针对照片构图的有限调整

因为照片的平面图像已经形成，主体和陪体之间的空间位置和空间关系已经确定，裁剪对画面结构的调整主要体现在画面景别和画幅格式上，力求对主体位置的变换、主体和陪体关系的改善、线形走势的强调有所帮助。显然运用裁剪对画面所做的一切调整都是极其有限的，拍摄的成功不能完全依赖后期裁剪。

3."裁剪"是针对照片构图的非常规处理

摄影的实质是在庞杂的立体视觉中选择局部景物（镜头所能够涵盖的景物）作为拍摄画面的平面影像，用以表达拍摄者的意图。摄影被视为一种视觉"减法",从立体到平面、从庞杂到简洁、从全面到局部，无一不是在做"减法"。因此，人们把"减法"作为摄影构图的要义，目的是精简画面，舍弃一切无关主题的景物，留取能够表达意图的景物，使主体突出、主题鲜明。常规拍摄的"减法"是从立体视像中提炼平面影像，而"裁剪"同样是对画面做"减法"，却是从平面影像中提取平面影像。"裁剪"可以重新分析画面结构，可以重新分析画面的立意，可以对平面影像重新进行三维思考，但裁剪思维的依据只是现有的平面影像。因此，裁剪是对照片构图的一种非常规处理方法。

4."裁剪"是一种以损失画质为代价的处理方法

在胶片时代，尤其是对使用大中型散页片的相机来说，一般的裁剪对照片画质的影响很小。自采用小型相机后，人们对裁剪有损画质的影响才开始予以重视，很明显，照片一经裁剪，就会降低底片的有效利用率，比如前面讲到的《作曲家伊戈尔·斯特拉文斯基》，这张照片是采用4×5英寸干版相机拍摄的，裁剪后的画面仍然保留了相当于2×3英寸的底片面积。如果用35mm底片拍摄，再做同样的裁剪放大，图像质量下降得就十分明显了。今天，对数码摄影来说，确保数字画面的有效利用率就显得尤为重要，凡是裁剪就要损失原始像素、降低画质。因此，单从图像质量方面考虑，对照片做"裁剪"处理的确是一件不得已而为之的事情。

事物总是矛盾的。当我们运用裁剪的方法改善照片画面结构的同时，就势必要承担损失画面质量的风险。只是在胶片时代应用大底片，改善构图与保持画质之间的矛盾不显著，随着小型相机的广泛使用，底片画幅减小，两者的矛盾才随之突出。到了数字成像时代，图像传感器像素数的限定使两者的矛盾更为突出。

人们曾对小型DC的数码变焦存有微词，认为数码变焦只相当于"裁剪图像"，失去了光学变焦对实际景物透视的变化，这种说法是有道理的。但事实上，当我们舍弃数码变焦，把图像进行后期裁剪的话，那么画质必然受损；如果在拍摄时直接使用数码变焦，虽然效果与后期裁剪一样，但图像的质量得到了保障。

在实际拍摄中，人们总是希望既有图像二次处理的便利，又能够保持相应的图像质量。因此，在数字摄影中，一般摄影爱好者普遍选用相机的最高像素，专业人士会同时选择无压缩格式。拍摄时有人习惯采用"直接数码"方法拍摄，即通过相机直接调整色彩、对比度、锐度进行拍摄；还有不少爱好者改变了对消费级数码相机中"数字变焦"的认识，直接利用数字变焦拍摄，等等。这些方法都是为了使每张照片能够尽可能获得相应的高画质，使图像后期处理的像素损失最大程度降低。其实，在图像后期处理中，对图像画质影响最大的莫过于"照片裁剪"。因此，在当今数码摄影时代，我们理应更加重视拍摄，学习胶片时代的严谨态度，懂得照片裁剪，努力做到"不裁剪"或"少裁剪"。

因此，前面所提到的有人把"裁剪"视为摄影创作过程的必然步骤，甚至认为拍摄时的画面构图要留有余地、多用广角以备裁剪等观点和做法显然是不正确的。

第三节　正确对待"照片裁剪"

一、要重视"裁剪"

"不裁剪"或"少裁剪"在胶片时代就为许多摄影家所倡导，倡导的出发点不只是为了提高底片的有效利用率，更重要的是强调摄影者要有充分的现场思维，做到取景准确、镜头到位，做到后期少处理或不处理，体现了纯粹派摄影的艺术思想。但在拍摄过程中，我们会遇到很多需要抓拍的场合，会遇到许多受到现场条件制约的场合，即便有拍摄准备，镜头不完全到位的情况也经常发生，照片裁剪也就难以避免。

裁剪作为一种平面"减法"，是在既定的拍摄画面中做有限的调整。裁剪的思维受到了现有平面影像的束缚，失去了选择纵向景深和横向宽度的自由空间，这种"去芜存精"比起在拍摄现场取景要困难得多。可见，裁剪的必要和难度都要求拍摄者对"照片裁剪"予以足够的重视。

一般情况下，人们的摄影活动总是有目的的，每一次按快门，总有一定的想法。因此，我们不要轻易把自己拍摄的画面删除，应该学会采用裁剪的思维方法重新审视画面，这对拍摄水平的提高是十分有帮助的。

二、不要依赖"裁剪"

"照片裁剪"并不是摄影创作的必然步骤，只要能够在现场一次完成的就不要留给后期做二次处理。照片裁剪的特点已经告诉我们，除了有准备的裁剪之外，基于"二次构思"的裁剪总是有限的、被动的、有损画质的，并带有一定的盲目性。实际上，只有在拍摄现场充分发挥"一次构思"的作用，现场思维越充分，"不裁剪"或"少裁剪"的可能性就越大，成功的概率也越高。可以说，没有一张成功的照片是在缺乏"一次构思"的情况下，完全由"二次构思"完成的。显然《作曲家伊戈尔·斯特拉文斯基》的成功绝不是裁出来的，而是摄影家现场观察、思考和表述的结果，其最后所做的裁剪是拍摄的延续，是摄影表述不可分割的一部分。

依赖"裁剪"的观点和做法会在无形中放松拍摄的现场思维，影响"一次构思"的完整性。在拍摄条件允许的情况下，为了"裁剪"有意使镜头不到位，这种"前期不足后期补"的做法往往会养成一种不良的拍摄习惯。因此，我们要倡导认真对待拍摄，不靠后期裁剪，这对初学者尤其重要。

过去，由于胶片价格和冲洗成本比较高，当时的摄影人珍惜胶片、珍惜每一次按快门的机会，拍摄相对严谨，反而减少了对"裁剪"的依赖。如今用了数码相机，无需"吝啬"，一次快门连拍数张，留给后期选择，无形中加大了对"裁剪"的依赖性。数码时代是不是更要提倡"惜片"？提倡"惜拍"？这倒并不是吝啬数码照片，而是要我们学会珍惜每一次现场的选择。少一点随意，少一点盲目，也就少一点裁剪。

三、学习"裁剪"是为了"不裁剪"

学习"裁剪"的关键是学习裁剪图像的思维方法，"裁剪"给予了人们对成像后的画面结构重新思考的机会，也提供了一条提高摄影构图能力的有效途径。

我们可以通过对照片裁剪成功的例子，学习摄影家对立体视像的把握、对平面影像的思考，学习他们的现场取景方法，学习他们的画面布局。对于自己拍摄的照片，我们也可以试用多种构图方式裁剪，反复琢磨，寻找现场取景存在的不足，敢于否定自己的拍摄结果。任何一次裁剪，其本身就是又一次拍摄；任何一次裁剪，其本身就是对一次拍摄的总结和提高。因此，无论最终被裁剪的照片是成功还是失败，每一次裁剪都是学习摄影现场取景、提高摄影构图能力的阶梯。

学习中国书法讲究读帖、描红、临帖，读、描、临是一种学习方法和过程，目的是为了有朝一日能够放手挥毫，逐步自成。学习摄影讲究的是多看、勤思、默裁。"多看"是反复观摩优秀的摄影作品；"勤思"是勤于琢磨各类摄影作品孰优孰劣的原因；"默裁"是默默地"裁剪"，即在看和思的同时，运用裁剪的思维，在心里思考重新调整构图的可能，对摄影作品提出自己的看法。看、思、裁也是一种学习方法和过程，特别是"默裁"，似同书法的临帖，是一种模拟拍摄训练，其目的是为了培养摄影眼光，不断提高把握现场取景的能力，拍出好照片。

因此，学习"照片裁剪"的目的，不只是为了裁出好照片，而且是为了拍出好照片。

第二章|裁剪——学习摄影构图的有效方法

第一节　与照片裁剪相关的几个概念

一、立体视像与平面影像

　　立体视像是指我们人眼视觉中所看到的有深度感的景物（事物、人物），是立体的、运动的、连续的、彩色的、全面清晰的无边界视像。平面影像是指相机拍摄后形成的无深度的影像，是平面的、静止的、不连续的、局部的有边界图像。

二、主体与主体形式

　　主体是指我们所要拍摄的主要对象，是我们拍摄者立体视觉中的主体，属于立体视像。主体形式是指主体在相机的取景框里构成的平面状态，属于平面影像。因此，主体对摄影者来说，是一个确定的立体形象，而主体形式是拍摄者在相机的取景框里对主体的平面状态的选择，几乎有无数个选择的可能。

三、形式含义与形式美感

　　摄影的本质方法是选择性记录。选择性记录就是使用相机，有选择地摄取所需要的、具有独立意义和审美价值的静态平面影像。

　　每一张照片都在用形象说话，所谓"形式含义"不仅是照片通过影像结构所表述的意思，而且是某种形式（如色彩、线形或影调等造型元素的某种构成）所传递的意思；而"形式美感"指的是平面视觉的审美感受，这种感受是寄予具体形象的，是被具体形象的某种形式所激发的视觉感受。尽管人与人之间在视觉审美上存在一定的差异，但就摄影画面形式来讲，要求照相平面结构明确、摄影语言表述合理、画面布局协调应该是一致的。形式含义要明确、形式美感要悦目，这对照片裁剪有特殊的意义。

四、大位置与小位置

　　大位置即相机机位，也是我们常说的拍摄位置，是由拍摄距离、拍摄方向和拍摄高度决定的，同时，决定大位置的还有镜头焦距，因为在一定的拍摄位置，我们还可以通过不同焦距的镜头改变我们对景物的看法。小位置是取景框里的主体位置，也是成片后拍摄画面中主体的位置，它牵涉到画面平面结构的安排、摄影形式语言的运用及以线形走势为主的画面布局。

五、构图与构成

从严格的意义上来讲，"构图"与"构成"的着眼点并不相同。"构图"针对的是画面的整体布局，"构成"针对的是画面的主体形式。前者重具体事物（内容）的安排，后者重形象的造型（形式）及其语言的运用。在照片裁剪过程中，它们成了裁剪的两种思路。

第二节　什么样的照片需要裁剪又可以裁剪

照片是否需要裁剪，实际上是有经验的摄影人对一幅已经完成的平面影像构成的重新思考。一般有两种情况：第一种情况是对平面影像构成的不同看法，以至从画面布局上到画面本身，引起对画面景物构成的不同考虑；第二种情况是平面影像的形式缺损，即形式含义不清，形式美感不强，虽然已经完成拍摄，但画面形式比较散乱，如构成形象的元素杂乱、缺乏整体性、主体不突出、视觉中心不集中、画面布局不到位，致使立意含混。这是需要裁剪的照片普遍存在的问题。

但是，需要裁剪的照片并不等于可裁剪的照片，可裁与不可裁要看照片形式缺损的程度和裁剪后可保留像素的大小，如果照片形式缺损严重（缺少形式含义和审美元素）或者裁剪所得部分的像素过小，就无法裁剪了。这两种情况经常是有联系的，很多初学者的照片往往很难下手裁剪，不仅因为形式缺损，而且可裁部分太小，失去了裁剪的意义。

前面谈到，有人认为场面拍得大一些，后期就有东西可裁，就能够裁出好照片，显然是不对的。可裁剪的照片不在于景别大小，而是本身要有形式基础，有要表述的内容，只是构图或构成不够到位。

照片裁剪是一种平面视觉的审美经验。一般情况下，一幅成功的摄影作品是无需裁剪，也是无法裁剪的，可以说其构图之严谨到了"少一点则短，多一点则长"的地步，但出于审美经验的差异，面对一幅完好的摄影作品，也可能产生裁剪思考。而对于一幅形式有缺损的照片来说，经常会出现多种裁剪形式，这都是很正常的。有时多种裁剪形式都不一定理想，但每一种裁剪都提供了一种构图思路，这是值得学习的。显然，通过不同裁剪思维的交流，活跃的"裁剪思维"对拍好照片是十分有帮助的。

希望大家能够通过学习照片裁剪，引起对照片平面形式的重新认识和关注，尽管有一些好作品是经过裁剪得到的，但如前面所谈到的，学习裁剪更重要的是把裁剪作为一种学习摄影构图的重要方法，而不要把裁剪视为拍出好照片的必然手段。

第三节　什么是"裁剪思维"

裁剪思维是针对已经完成的平面影像，对其构成进行重新思考的过程。它也是一种平面影像的表述性思维，但与拍摄时的选择性思维有明显的区别。

作为拍摄者，我们在实际拍摄时面对的是"三维空间"的景物，与照片不同的是，除了在取景框里反映出来的景物的长和宽之外，还有由镜头焦距决定的视觉的"纵深感"，即景物深度，而摄影的重点就是把握"景物深度"的表现。景物深度有两种表现方法：一种是利用造型元素（线形、影调、色彩）的透视原理在照相平面强调"景物深度"，营造画面的空间透视效果；二是利用照相的二维性，在照相平面弱化"景物深度"，强调"无深度"视觉，使立体的前后景物能够在同一个平面上，表达一个在立体视觉中难以表达的全新含义和美感。

可见，摄影的选择性思维是从立体视觉到平面影像，是对立体视觉的分解，是一种从有深度视觉到无深度视觉的逻辑思考，有着拍摄的距离、方向、高度，以及镜头焦距调节的全方位视觉变化的无限可能。而裁剪思维是从平面影像到平面影像，是对平面图像的视点分析，纯粹是一种针对平面构图和形式构成的思考。也就是说，实际拍摄可以改变"大位置"（即拍摄位置+镜头焦距的变化），而照片裁剪只能够调整"小位置"（即主体位置的调整），这种调整与"大位置"中采用长焦距镜头的取景方法十分接近。

需要再次强调的是，摄影的选择性思维有相当的画面质量做保障，而照片的裁剪思维总是以损失画面质量为代价。

总之，裁剪思维失去了实际拍摄时选择性思维的自由度，没有了无限可能性，成了单一的"无深度"思考，是一种有限的平面视点分析和构图审视。

第四节　照片裁剪从哪里着手

　　照片裁剪被视为摄影的"二次构图"，因此照片的裁剪仍然要求我们同实际拍摄时一样从"内容"着眼、从"形式"着手，裁剪所指的内容其实是"主体"。

　　有人说，照片的"主体"已经定形了，还要同实际拍摄一样来考

《迪拜海滩》原片

对原片主体的重新判断

虑主体再裁剪吗？是的，还要考虑主体。因为照片裁剪只能够从"小位置"着手，而"小位置"的调整需要重新审视和判断主体或视觉中心，因此必须考虑画面主体。在长期的摄影实践中，照片裁剪无非两个目的，一是使主体更突出，二是使画面更简洁。这两个目的都不能不考虑"主体"。

考虑画面的主体对照片裁剪而言有两层意思：一是在照片同样的视点上判断照片有没有比较明确的主体（或视觉中心）；二是改变现有的照片视点，重新调整主体（或视觉中心）。因此，照片裁剪势必着眼于"主体"，从分析画面立意开始。

下面我们通过具体的照片画面，看看如何从分析画面立意开始，以及如何着眼画面"主体"对照片裁剪的重要作用。

前面一页是一张采用了大全景画面拍摄的照片（《迪拜海滩》，杨云摄），主体是海滩，海滩上的人物及大海成了海滩的陪体，礁石和蓝天的背景表述了附近的地貌和天气，从陪体到背景都是对这片魅力海滩的诠释。从画面的整体来看，平面构成相对完整，立意明确，表述清晰，但这张照片的主要问题是视觉中心分散，因此画面上的人物很容易吸引观者的视觉，成为新的视觉中心（兴趣点）。而当我们把照片上的"人物"视为主体的时候，画面的感觉很快会发生变化，我们观看照片的视觉会主动寻找可以作为主体的人物，画面的表述也就随之改变了。

原图中，以海滩上走向大海的人物为主体，沙滩和其他人物作为画面的前景，大海作为背景。于是可以裁剪成左、右两个画面（图1、2），在这两个画面中，视觉中心都是走向大海的人。

在图2中，海滩上三位沐浴阳光的女子有明显的节奏感，极易吸引观者视觉成为画面主体，沙滩的其他人物成为陪体或背景，画面的构成即刻发生了变化，形成可供照片裁剪的新的思路（图3、4）。

在图1中，走向大海的人物主体与大海背景同样可以构成新的画面，因此可以做以下裁剪（图5、6）。图5中的人物为主体，大海为背景，礁石与人物呼应，利用视觉的重力平衡，在画面构成中是合理的。图6裁去礁石，利用视觉的心理平衡同样能够使画面均衡。

兴趣点分散，或者说视觉中心不集中是一般摄影初学者的通病，上述举例说明的《迪拜海滩》原图是旅游照中常见的，因为在一般情况下，人们的立体视觉习惯看"内容"，而摄影的平面视觉要求学会看"形式"。所以在海滩的主题确定之后，需要拍摄者去观察、发现、抓住视觉中心，去观察主体，观察取景框里的平面形式构成，其实这就是

摄影的"选择性记录"方法。

在上述的照片裁剪过程中，我们不难体验到摄影应该如何关注形式，如何分析画面立意及确定画面主体，这对照片裁剪很重要，事实上对提高实际拍摄能力更重要。

因为照片裁剪的实质是对画面形式的一种"提炼"，是一种构图的"减法"。因此，我们希望能够通过照片裁剪的学习，将这种形式提炼和构图的减法应用到实际拍摄中去，继而提高主体判断能力和形式感受力，使摄影的选择性记录方法从一般的着眼"内容"的选择，进而提升到立足"形式"的选择。

目前，有不少摄影爱好者热衷于PS而忽视"选择性记录"。当然，我们不排斥摄影相应种类对PS的应用，但是PS绝非本质的摄影，唯有"选择性记录"才是摄影本质的方法。因此，首先要了解"选择性记录"是对形式的提炼，其次要了解"选择性记录"是每一幅优秀作品背后的摄影者极其艰难的付出。这才是真正的摄影，令人体验到1/100秒甚至上千分之一秒瞬间捕捉的快乐。因此，摄影是一种态度，是对摄影平面形象的一种认同、体验和思考，而不是走所谓的"艺术捷径"。这里似乎岔开了一点话题，其实还是想进一步强调本书的要旨——通过照片裁剪，学习摄影构图，进而学习摄影的"选择性记录"方法，在实际拍摄中下功夫。

第五节　从实际拍摄看照片裁剪

摄影不同于绘画的重要特点是"选择性记录"的取景方式，是相机取景框里的画面，随着拍摄位置与镜头焦距的变化而变化，只要没有按下快门，拍摄就处于选择状态，构图就处于变化状态。

拍摄者在实际拍摄时必须围绕"主体"，但是有经验的拍摄者非常清楚，他所围绕的事实上不是"主体"，而是"主体形式"。对摄影来说，"主体"是一个处于三维空间的立体形象，一旦确定就不会改变了。而"主体形式"是立体形象在取景框里可能成为的平面影像，是一个立体形象的多个不同侧面。摄影的选择性记录所选择的正是主体多个侧面中的"那一个"，应该是最典型、最明确、最有特点、最具视觉冲击力，也是最美的"那一个"，是"主体"最理想的平面形式。主体形式包括两个方面：其一是形式含义，即指在主体的那一个角度和视点，最能够体现主体所呈现的内容、最能够说明主题，使画面有东西可看、耐看；其二是形式美感，即一般所指的形式感，就是画面结构协调、形式新颖、有视觉力度，使画面悦目、耐看。在摄影作品中，两者不能偏废，但一般来说，记录类摄影作品（纪实、新闻等）重形式含义，艺术类摄影（风光、静物、人像等）重形式美感。

由于摄影的实时、瞬间性特点，致使摄影选择性记录的结果往往不能够尽善尽美，于是给照片裁剪留下了重新"构图"的余地。

但是，无论是形式含义还是形式美感，最终都是针对"形式"的，这个"形式"是由"大位置"（拍摄位置，包括镜头焦距）及"小位置"（取景框里的主体位置，包括平面结构的安排、造型语言的运用和照片画面的布局）决定的。拍摄着手"大位置"，而裁剪要着手"小位置"。

因此，我们在裁剪时仍需要从拍摄这张照片的"大位置"着眼，对画面立意作重新审视，从照片所采取的这样或那样的表述"形式"中找到"小位置"的问题，对照片进行裁剪处理。

当前，大变焦镜头日趋盛行，我们不妨把"照片裁剪"看成是一种改变"大位置"中的镜头焦距，视同采用长焦距镜头的取景方法，改变视点，重新构图。

第六节　照片裁剪的一般方法

归结前面所讲的，照片裁剪一般都是根据照片画面的立意，从分析照片平面形式开始的。而分析照片平面形式的焦点是画面的主体或视觉中心，即主体（视觉中心）是否明晰？主体安排是否突出？主体位置是否合理？照片裁剪一般分为以下三个步骤。

一、分析画面立意和画面主体（或视觉中心）

照片裁剪已经无法改变"大位置"，因此只有从画面立意来分析主体的"小位置"，才容易看到画面形式表述的问题。而对风光照片的裁剪总是直接分析画面主体或视觉中心。

无论什么门类的照片，第一步的分析是整体性的，着眼的是整个画面，针对的是主体的两个"是否"——是否明晰？是否突出？这一步分析也最终决定了这张照片是否可以裁剪。

二、分析照片平面形式

分析画面的平面形式包括画面平面结构的安排、造型语言的运用和画面布局，其针对的是主体位置是否合理，这一步分析将最终决定这张照片如何裁剪。

1. 分析平面结构

分析画面对主体（视觉中心）、陪体、前景和背景的安排是否合理。

2. 分析造型语言

分析画面中对造型元素（线形、影调、色彩）、造型特征（空间感、立体感、质感）和造型手段（用光和构图）的运用，分析画面中造型元素的对比、节奏、均衡、影调及景别的处理是否恰当。

3. 分析画面布局

分析画面的线形走势、呼应与均衡关系的处理是否到位。

三、裁剪小结

最后，我们应该经常进行裁剪小结，通过照片裁剪，总结取景过程中存在的问题，积累构图经验。

第三章｜裁剪实例

第一节　调整照片的平面结构

照片画面的平面结构是相机在某一个拍摄位置上，由被摄对象形成相应的平面形状之间的位置关系。在这个关系里，已经没有了人眼视觉中被摄对象前后深度，成了画面中上下、左右、大小不同的平面位置。沿相机镜头的方向，按照在景物位置所处的前后，由近到远，可分为前景、主体、陪体、背景四部分。这样就形成了照片画面里所有形象的基本构成，被称作"照片的平面结构"。

背景（卢沟晓月碑刻）
距离主体后面较远的景物。

主体（春游的学生）
主要的拍摄对象。

前景（卢沟桥石狮）
在主体前面距离照相机较近的景物。

陪体（春游的同学）
距离主体较近，与主体有明确呼应关系的景物。

照片平面结构图示

调整照片的平面结构是照片裁剪的重要方法，包括简化前景、简化背景和强调主体三个方面。事实上，强调并突出主体是照片裁剪的根本原则，只是在实际裁剪时我们是从不同的方面入手的，在调整平面结构时，或从简化前景，或从简化背景，而强调主体是从前景、背景和陪体综合入手的。

一、简化前景

前景是在主体与相机之间距离镜头比较近的辅助景物。前景可以是任何与主题相关的景物，可以处在画面的任何位置，而且在造型元素的各种对比中，总是在画面上呈现出最具表现力，也最为悦目的形式。

在照片画面中，前景有6个作用，即点题、暗喻、引导、透视、平衡、装饰；体现了两个重要关系——点题、暗喻、引导作用体现了前景与主体之间空间形象的关联性，透视、平衡、装饰作用体现了前景与主体之间空间关系的合理性。这是前景运用的关键，可以归结为两个字，一个是"意"（关联性），一个是"美"（合理性）。两个关系的综合作用在照片画面中也经常出现，既有含义，又有美感。合理性是基础，关联性是引申。因此，透视、平衡、装饰也称为基础作用，点题、暗喻、引导也称引申作用。

关联性前景图示

1

合理性前景图示

4

1　阶梯：以阶梯状的栏杆投影为前景，起点题和暗喻作用。

2　看新娘：以洞房门窗上的大红喜字为前景，起点题作用。

3　读鲁迅：以鲁迅印章陈列柜为前景，起点题和引导作用。

4　秋水：以秋树的枝叶为前景，既点题，又起了透视和平衡作用。

5　古城印象：以古城楼为前景，既有点题和引导作用，也有增强透视和装饰作用。

6　西贝柳斯家乡的教堂：以教堂的侧墙为前景，具有引导作用，也增强了画面透视、平衡和装饰感。

◎ 1. 春到玉渊潭 王连祥 摄

　　原照摄于北京玉渊潭公园，顺光拍摄，色彩鲜明饱和。前景有桃花、柳枝，主景为玉渊潭湖，背景为湖对岸的建筑群。原照立意明确，前景在画面中起到了对"春"的点题作用，但是前景线形和色彩繁杂，柳枝线形簇拥，不够舒展美观，"意"有余而"美"不足，因此简化前景是裁剪入手之处。有三种裁剪思考：保留一侧的柳枝和桃花呼应，或保留单一的柳枝，或保留单一的桃花。最终裁剪的画面考虑了顺光的色彩表现，采取单一的桃花构成，保持了原照的平面结构，但前景被极度简化了，主景得到了强调，画面简洁，构图更趋合理。

前景不宜繁复，
点到为止。

裁剪照

◎ 2. 冬雪 杜卫平 摄

原照为在雪地中利用散射光拍摄，影调透视形成了画面近暗远亮的
效果，加强了雪中的环境气氛。近景人物各具姿态，在一片白茫茫的雪
景中比较突出。原照中把一棵大树的局部枝干作为前景，力图增强画面
的透视感。但事实上这个前景的安排并没有增强画面透视感，反而使画
面的左侧显得局促，宁静气氛受到了影响，同时造成了画面的不均衡感。
因此，在裁剪时裁去了画面左边的树干，适当保留画面上方的树枝，使
画面均衡、左右舒展，显得开阔。

从处理前景关系到
画面整体的协调，需要慎重
处理、合理安排。

裁剪照

◎ 3. 湖畔 赵新国 摄

　　原照摄于清晨的昆明湖边，正侧光拍摄。画面利用了汉白玉围栏柱上的一个石雕作为前景，按照构图的原意应是与中远景的湖畔围栏呼应，使画面均衡。但实际上湖畔围栏由近到远的线条汇聚方向的重力大，即使不安排前景，画面依然可以取得均衡感。因此，这个石雕柱在孤立的前景位置并没有与主体发生关联，反而显得偏重，使画面拥堵。当把这个前景裁去后，画面才显得自然、舒展。

不安排可有可无的前景。

裁剪照

◎ 4. 颐和晨光 赵新国 摄

原照摄于北京颐和园，清晨的阳光投射在昆明湖湖心岛上，景物反差较大，前景深暗、缺乏层次，影响画面均衡感。因此，裁剪时去掉了画面左侧和上方零碎的前景，使画面简洁，主体突出。

前景要服从主体，
不要有碍主体。

裁剪照

◎ 5. 斑马 冯智华 摄

　　原照摄于北京动物园，中午时分顺光方向拍摄。斑马作为主体被安排在画面中心，但画面前景十分松散，与主体既没有关联，也没有美感。因此，后期裁剪时大面积裁去了前景位置的地面及与主题无关的物体（树影、石头等），将斑马置于画面下方，打破三分法的一般构成，与背景树木的散序节奏形成了呼应关系。尽管并不是拍摄的最佳时机，但经过裁剪，画面布局得到了明显改善。

　　无论前景被安排在画面的哪个位置，都要发挥它的作用。首先要合理，要使画面更好看，否则宁可不要。

既然安排前景，
就要发挥作用。

裁剪照

◎ 6. 翠竹临仙 周凤瑞 摄

　　原照摄于北京紫竹苑公园，侧逆光拍摄。白色的仙女雕塑在竹林中倚石而立，十分醒目。但原照不知是由于拍摄距离过远，还是镜头焦距不足，没有避开竹林前的树木，使原照的立意受到影响，而且使原照的美感大打折扣。所以在裁剪时需裁掉不必要的前景，同时保持竹林背景的单纯，使主体雕塑伫立在画面的左下角，增强动感，使画面立意得以体现。

不要为前景而前景。

裁剪照

◎ 7. 鹦鹉 何宜南 摄

　　原照摄于某动物园绿荫深处，利用散射光拍摄。在特别的瞬间，往往使拍摄者难以避开所有不必要的前景。因此，后期的裁剪成了完成拍摄的必要步骤。后期裁去了画面右上角的树枝，没有了干扰主体的深色调，保持了画面的绿色调，使深绿色的鹦鹉主体得到了强调。如果在拍摄时难以避开不必要的前景，那么拍摄时一定要留足可以裁剪的空间。

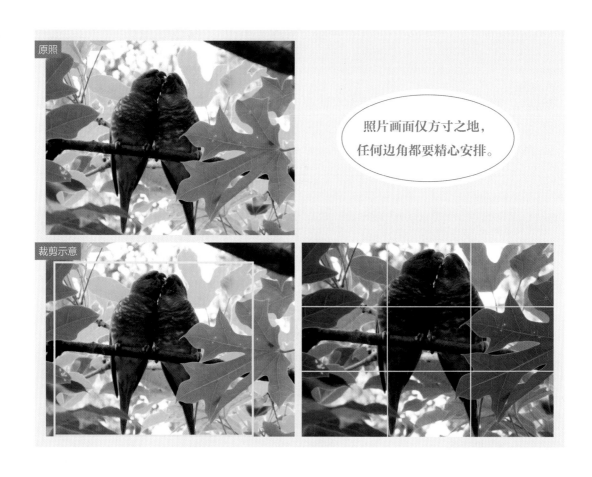

照片画面仅方寸之地，任何边角都要精心安排。

裁剪照

裁剪图一

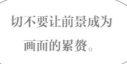

切不要让前景成为
画面的累赘。

原照

裁剪示意

裁剪图二

裁剪照二

裁剪示意

◎ 8. 颐和冬雪 姜秋菊 摄

　　原照摄于北京颐和园昆明湖，冬天雪后，光线暗淡。作者利用前
景力图加强画面的影调透视感，以期丰富画面层次，并在前景位置用围
栏石雕柱与松树枝构成呼应，力求画面均衡。而实际上，下方的围栏石
雕柱没有与上方的松树枝形成合理的呼应关系，孤立有形状规则的石雕
柱使画面左侧的视觉重力下移、偏重，视觉拥堵，使中远景中雪后淡雅
的主景明显受到了影响。经过分析，可以有以下两种裁剪的思路：裁去
前景中的石雕柱，保留原照上方的松树枝，成方形画幅。上方单一的前
景，使画面有纵深感，而左右开阔，视觉舒展，但松树的枝形并不理想
（裁剪图二）。将原照的上、下前景全部裁掉，形成一幅偏高色调的单
调画面，强调了雪后景致静适、淡雅的意蕴（裁剪图一）。

裁剪照一

◎ 9. 新城之清晨 刘海民 摄

　　这幅习作摄于内蒙古赤峰敖汉旗，是在清晨薄雾中拍摄的新城一角。前面谈到前景的选择要考虑其与主体的关系，但无论是关联性前景还是合理性前景，首先要有美感，如果前景不好看就宁可舍弃。从画面分析，这幅习作的前景可有可无，作为前景的枝叶线形并不理想，甚至破坏了画面的基调，拍摄时就应该尽量避开。于是后期裁剪时裁去前景，使画面布局得到了改善，统一了基调，突出了主体。

美感是前景的首要条件，不好看的前景宁舍勿留。

裁剪照

◎ 10. 新城之傍晚 刘海民 摄

　　这同样是一幅摄于内蒙古赤峰敖汉旗的习作，是傍晚时分利用侧光拍摄的小城新貌。画面下方的树木前景已经为这座沙漠之城增添了色彩，但是拍摄时又选择了右侧的树枝作为前景，致使画面失衡，分散了视觉注意力，影响了整体画面的美感。裁剪后，画面布局得到了改善，使主体更加集中突出。运用前景要得法，不要让前景成为累赘。

前景要画龙点睛，
不要画蛇添足。

原照

裁剪示意

裁剪照

裁剪图一

原照　　裁剪示意

前景的运用要从主体出发，
服务主体。

裁剪图二

裁剪照二　　裁剪示意

◎ 11. 家乡的小河 常宏启 摄

原片摄于江南某山区的河边，顺光拍摄。近景的主体人物色彩鲜明，画面以老树为前景，使相对平淡的画面增强了空间感和美感。应该说，原照前景的运用恰当，画面布局合理。但是，这幅习作仍然能够引起裁剪思考——"用前景，还是不用前景"。有两种裁剪思路：第一，不用前景的画面效果，由于顺光下的画面色彩鲜艳饱和，主体仍然突出，显然前景对画面主体的表现不会造成影响。因此，画面上方的前景可以裁去。裁剪前景后，画面布局更加简洁，完全以河水为背景，视线开阔，感觉空灵，人物反而更加突出（裁剪图一）。第二，用前景的另一种画面效果，原照的前景安排及其画面空间感对主体人物没有直接影响，相反，如果保留前景，实际上是增强了河面到对面岸边中远景的透视。因此，可以考虑改变画面主体，裁掉人物，没有了近景人物色彩的干扰，使对岸的景致成为画面的视觉中心，构成了一幅风光照（裁剪图二）。

可见，在实际拍摄中，前景的运用不仅要考虑画面整体的透视效果，而且要考虑前景与主体的关系。上述原照虽然可以改善画面透视感，却与主体表现没有特别关联，那么就应该舍去，使画面简洁。

裁剪照一

◎ 12. 壮乡梯田 雷志云 摄

原照摄于广西龙胜，画面右侧安排了山竹前景。从画面构成分析，梯田画面本身色彩透视充分、环境明确，可见山竹这个前景不是非有不可的，说明性不强、合理性不够，可以裁去。画面偏右下方的妇女和左边梯田上方的村寨形成呼应关系，可以看出梯田沿对角线方向的线形走势，所以可以对上方进行裁剪。远山是否保留对整体构图没有太大影响。裁剪后的画面构图显得紧凑、简洁，形式对比和近暖远冷的色彩透视效果更加鲜明，画面空间感增强。

前景的安排是摄影构图的重要内容，前景处理是否得当对画面的影响最为显著。因此，事前拍摄要特别重视前景处理，而后期裁剪也经常会从前景入手。

简化前景，
平面结构要力求从简。

裁剪照一

◎ 13. 舢板 汤全林 摄

　　原片摄于新西兰昆斯敦瓦卡第普湖，侧逆光下的湖水波光粼粼。前景是岸边的草丛，按照逆光表现影调的透视原理，画面有近暗远亮的透视效果。从构图来看，这幅习作并没有不当之处。但从主题分析，前景的安排反而影响了湖面的表现，前景线形平淡，缺乏特色，草丛的线形结构缺乏美感。因此，裁去草丛前景，画面呈单一色调，尽显湖水本色，使画面更加单纯，主题更加突出。

简化前景，
让画面趋于单一，
变得更加简洁。

裁剪照

◎ **14. 教堂金顶 李玮 摄**

　　原照摄于俄罗斯谢尔盖耶夫镇，顺光俯瞰三圣教堂群远景。画面的视觉中心明确，利用开阔的花园草坪作为前景，意在增强透视感。但由于顺光拍摄，景物色彩饱和，透视感弱，前景的草坪和倾斜的线形妨碍了远处华丽的教堂金顶的表述。因此可以裁去前景，使远景中作为视觉中心的教堂更加突出，并与大面积的天空构成对比，增强空间效果。

简化前景，充分利用
形式语言的对比关系。

裁剪照

简化前景不仅是裁剪的主要方面，更是拍摄时取景的要点之一。裁剪也好，拍摄也好，我们总是围绕两个问题：要不要前景？怎样安排前景？

要不要前景，关键在于发挥前景的作用，如果既没有关联性的含义（如点题、暗喻和引导），又没有合理性的美感，就不如不用。怎样安排前景，看似比"要不要"更为复杂、有难度，但实际上仍然可以归结到充分发挥前景的基础作用，就是所安排的前景必须使画面增强美感，且符合摄影构图的从简原则。（从简原则不仅追求画面的简洁，而且提醒人思考画面里的每一个景物是否有用，安排是否合理，是否达到了无法再裁剪的地步。）下面的例子可供参考。

下面是一幅前景围绕画面三边的照片（王连祥摄）。画面前景繁杂，可以有四种裁剪方法，三种有前景的裁剪，一种是没有前景的裁剪。尽管这是仁者见仁、智者见智的问题，但是对画面简约的美感应该有一个基本趋同的看法。

虽然可以作为前景的形象内容极其丰富，没有限制，但必须把握关联性，即有利于发挥点题、暗喻、引导作用，更好地表述主体形象，深化主题。前景在照片画面的位置也极其灵活，没有一定的限制，但是必须把握空间关系的合理性，即有利于发挥透视、平衡和装饰作用，增强照片画面的透视感、均衡感和美感。

前景的利用要把握四个原则：一是前景要与主题配合；二是前景不能喧宾夺主、有损主体；三是前景的形式要美，要有表现力；四是前景要与画面统一，成为整体。

原照

裁剪照

二、简化背景

　　背景是在主体背后、距离主体较远的辅助景物，以"景"（天、地、山、水）和"物"（多为大型物，如森林、建筑）为主，具有交代环境、说明主题、烘托气氛、突出主体、表现空间深度、增强画面的信息量等作用。

　　在实际应用中，背景有具体性背景和单一性背景之分。具体性背景是指有确定的内容、地点，具有明显的地域、环境特征的背景，也称内容背景。单一性背景是指没有确定的内容、没有明显的地域性特征的背景，可以是某种质地的物体呈现的线形、色彩、影调或质感，所以也称形式背景。

　　具体性背景与单一性背景比较如下图所示。

具体性背景

单一性背景

要让画面结构经得起推敲：

1　父与子：以天安门广场为背景。

2　守护春色：以颐和园昆明湖上的十七孔桥为背景。

3　版纳筏子：以水为背景。

4　乞童：以石墙为背景。

◎ 1. 开山平地 刁金华 摄

　　原照摄于内蒙古赤峰,侧逆方向的顶光使线形结构清晰、布局合理。
对天空背景的取舍仍是裁剪分析的焦点,最终裁去了天空部分,使画面趋
于单一,强调了主体,提升了形式感。
　　切不要让明亮的天空在画面上干扰我们对主体的关注。

裁剪照

原照　　　　　　　　　　　　　　　　　裁剪示意

裁去可有可无的背景。

◎ 2. 藏乡 李韶华 摄

　　原照摄于青藏高原，主景在背光处，利用散射光拍摄，色调相对黯淡，而背景天空与山峦仍在阳光下，色彩较为明亮。因明亮的天空与深暗的山体反差大，原片整体曝光有缺陷，暗部不足，致使画面上轻下重，主体不突出。因此，照片裁剪首先考虑减少背景的干扰，采用方形画面，缩小明亮背景在画面上的比例，强调了主景，使画面趋于简洁。

　　背景处理不当往往是因为对主体（或视觉中心）认识不足、感觉含混造成的。

背景的处理要与主体
（或视觉中心）相协调。

裁剪照

◎ 3. 我们一起唱歌 刘航 摄

　　原照摄于北京国家大剧院过厅，室内自然光照明。画面右上方的背景灯光使画面失去了统一的基调，影响了主体的表述。这张照片主要裁去了画面右侧与主景不相融合的背景，然后考虑到主体与陪体的关系，裁去了主体人物的身体部分，构成了与雕塑类同的体态和表情，使画面构成对称式的布局形式，强调了主题立意，增强了画面的趣味性和幽默感。

背景要服从主体，
尽量单一。

裁剪照

◎ 4.溪水边 于海永 摄

　　原照摄于内蒙古赤峰敖汉旗，散射光下的景物色调趋于和谐，但是背景右上角灰白色的天空与整个景物不协调，而且与画面主题并没有一定的关联，于是裁去天空，使画面的背景色调保持统一和谐。

　　天空背景往往是画面中最为明亮的部分，也是画面中最夺视线、最容易引起视觉注意的部分。因此，天空背景的处理经常是照片裁剪思维的焦点，也是拍摄取景时考虑的重点。

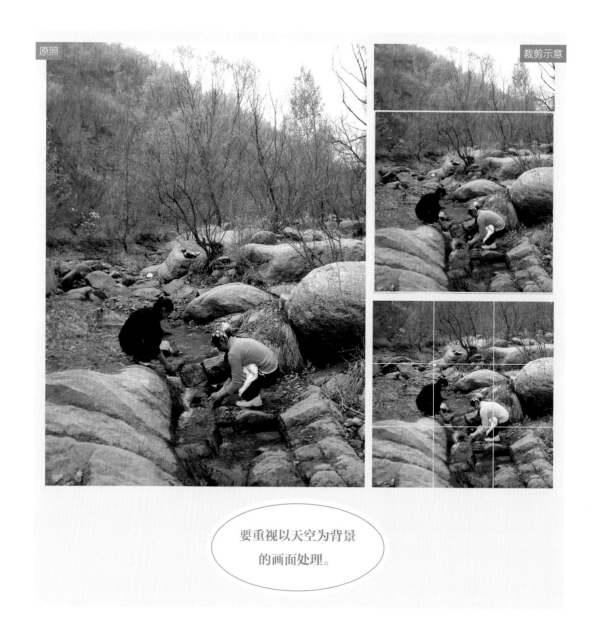

要重视以天空为背景
的画面处理。

裁剪照

◎ 5. 日出云海 程远靖 摄

　　原照摄于黄山日出时分，是一个比较理想的拍摄时机。原片把拍摄的重点放在云海上是正确的，裁去了天空上方的过曝部分，画面则显得丰满。

　　在拍摄风光时，天空过曝现象常有发生，此时的处理方案是要么采取技术措施，要么进行有准备的选择取舍。

以天空为背景，
要恰到好处。

原照

裁剪示意

裁剪照

◎ 6.北京中轴线 陈荷生 摄

　　原照摄于北京景山北侧沿中轴线的建筑群，顺光下的景物鲜明、色彩饱和，而占了画面近一半的天空背景并没有对画面的主题"中轴线"起到更多的说明性作用，画面上、下方有明显的失衡感。因此，后期处理中决定裁去大部分天空背景，保留一线蓝天，使画面集中到中轴线的表述上来，强调了画面主体。

　　背景是画面主题的说明，也是主体的有机组成部分。不要保留无力说明主题和无关主体的背景。

裁去无关主体的背景。

原照

裁剪示意

裁剪照

◎ 7. 轻舟 王贞君 摄

　　原照摄于北京玉渊潭公园，为暮色湖光剪影。远处的小桥与大楼是这座公园的典型景致，画面布局合理。但最终的照片画面还是裁去了背景上明确而具体的景物，留下了朦胧的倒影，使这幅习作构成了单一背景的画面。

　　打破景物的具体性，营造单一背景的画面空间，意在提升画面的艺术效果，是照片裁剪的一种思路，也是摄影取景的一种方法。

充分利用单一背景的表现力。

原照

裁剪示意

裁剪照

◎ 8. 迎客 杜卫平 摄

　　原照摄于北京金融街餐厅营业前的一个瞬间。画面中打扫卫生的人物位置并不理想，但是画面在裁剪前后的比较中，可以看出具体性背景与单一性背景的重要差别——具体背景重在说明环境，而单一背景重在启发思考；具体性背景的画面倾向于客观描述，而单一性背景的画面多了一些主观倾向，体现了两种不同的审美倾向。

是否保留具体性背景，取决于照片的用途。

裁剪照

　　原照是在侧顺光条件下拍摄的江边景物，漂流的木筏在这里聚集成叶状筏群，成了画面的主体。背景是天空、远山和江水，交代了木筏所在的具体位置和地点。事实上，照片画面的特点在于画面中的局部形象给观众带来的视觉冲击，而不需要面面俱到。因此后期裁去了天空和远山，把具体性背景变为单一性背景，使画面更简洁，主体更突出。

　　在照片画面的构成中，背景形象是要"说话"的，但要说到点上，多余的话不说，让画面的形象语言更加凝练。

要"背景"说话，但不说多余的话。

原照

裁剪示意

裁剪照

裁剪图一

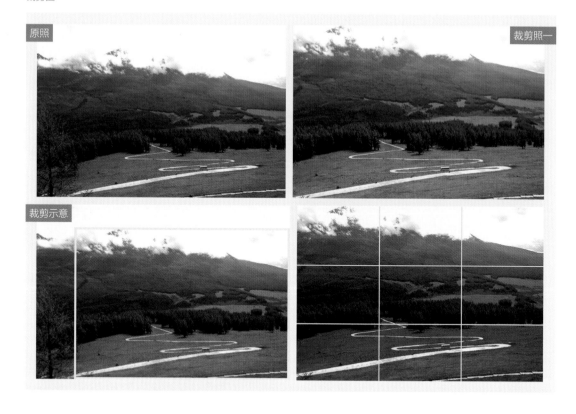

原照　裁剪照一　裁剪示意

裁剪图二

裁剪示意

背景是画面立意的组成部分，背景的取舍取决于画面立意。

◎ 10. 山路 王庆忠 摄

　　原照摄于新疆某地雪山下的公路，原题为《通往雪山的公路》，利用阴天的散射光拍摄，画面立意清晰、构成合理。但由于雪山与地面的反差过大，致使雪山曝光过度，层次尽失，成了一张不得已而裁剪的照片。裁剪分析有两种思路，最终裁去了雪山部分，使雪山下的山地公路部分独立成片，更名为《山路》，立意仍然是完整的。

　　摄影的技术支持也是非常重要的，要进行有准备的拍摄，减少不得已的裁剪。

　　［注：因曝光不足或过度而导致后期裁剪的情况时有发生，这种不得已的裁剪明显会影响原来的立意，甚至无法裁剪成片。这种情况经常发生在大反差景物的拍摄中，在无法舍去天空背景表现时可以应用相应的灰渐变滤镜、包围曝光和 HDR（High Dynamic Range，高动态范围）后期处理技术。］

裁剪照二

◎ 11. 鹊喜春来 王贞君 摄

　　原照摄于北京玉渊潭公园。侧逆光下，拍摄者捕捉了一个偶然的瞬间，最终裁去了画面左下方的亭角，使画面呈对称式构成，绿叶与喜鹊沿树干上下、左右呼应，强调了主体和陪体的关系，突出了主体，画面立意得到了很好的体现。

　　在偶然突发的一瞬间要把握完整的画面是困难的，要抓住主体，留有裁剪余地。

背景越简练，主体越突出。

原照

裁剪示意

裁剪照

◎ 12. 渔歌唱晚 戚三彦 摄

　　原照摄于广西，落日时分拍摄，呈现出逆光剪影的效果。该片曝光准确、布局到位，因此大家对裁剪就有了不同看法。坚持裁剪的理由是打破具体性背景，利用泛背景使画面背景趋于单一性。

　　具体性背景的作用与关联性前景相同，但在实际拍摄中比关联性前景更容易被人们认识和运用。比如大多数的旅游纪念照，人们都会选择更有说明性的具体背景。但在有些情况下，具体性背景制约了观者的想象，影响画面的艺术效果，因此建议裁去。

　　裁剪不是唯一的，也不一定是最好的，但是不同的裁剪提出了不同的构图思路，是有益的。

原照　　　　　　　　　　　　　　　　　裁剪示意

背景越简练，
主体越突出。

裁剪照

　　原照摄于广西龙胜。原照的背景意在强调环境，但是明亮而失去层次的窗户影响了观者对画面主体的关注，干扰了画面视觉效果，那么我们就可以舍去窗户，突出主体。在裁剪照中，我们可以看到画面排除了大反差的干扰，变得紧凑、简单了。人物与地灶形成了呼应关系，在一缕气雾中，人们仍然能够感受到背景的光线。

　　背景要突出主体，也要说明主题。如果背景在视觉上对画面主体和主题的表现有所干扰，那么就应该想方设法避开它，或者后期裁掉它。

背景要服务主体，
不要干扰主体。

裁剪照

◎ 14. 犹太人纪念碑 李晓辉 摄

　　原照摄于德国柏林，利用阴天散射光拍摄。在这座由 2711 块混凝土石碑组成的纪念碑中，两位老人的背影增添了追思忆旧的肃穆气氛。画面右上侧的楼房背景尽管并不大，但与纪念碑的灰色调不协调，因此建议裁去，使背景色调统一。

　　照片画面其实很有限，不要在其边角出现与主题不协调的元素，哪怕就那么一点。

　　背景要力求简洁，避免杂乱；要注意区分主体和背景的层次，避免线形、色彩、影调的重叠。

　　但是在实际摄影中，人们对背景的选择远没有达到对前景选择的自觉程度，对泛背景的利用缺乏认识，具体性背景多，单一性背景少。大多数人认为前景易选，背景难选，因此不少习作背景繁杂、凌乱，比较随意。有人说："前景与主景可以选择，却很难同时顾及远处的背景，就这么'咔嚓'一下的时间，怎么选？！"很是无奈。这是很多人的拍摄体会，但是它给背景的选择提出了一个看似极端的选择思路，这就是一个字——"舍"，即抓住主体的精彩，舍弃背景的无奈。能够在拍摄时避开的，就一定不要留给后期裁剪。

背景须谨慎，
多一点则乱，少一点则纯。

原照

裁剪示意

裁剪照

三、强调主景，突出主体

在照片的平面结构中，主景包括主体和陪体，其中主体是第一位的。因此不论简化前景还是简化背景，其实都是在强调主景，突出主体。在这一节中，我们所看到的裁剪实例仍然是简化前景、简化背景或简化陪体。但"强调主景"是整体性的，简化也是整体性的，这种"整体性"要强调主体与陪体的关系，要明确均衡与呼应关系。

为了在拍摄或者后期裁剪时能够把握好画面的"整体性"，这里就构图中的"呼应"原理做一下解释。"呼应"一词在《辞海》中解释为："一呼一应，彼此声气相通。又特指文章内容和结构上的前后照应。"但是在单幅照片画面中，呼应只是一种视觉上的联系与变化，解释为一种视觉形象的对应关系更为确切，因为呼应在平面视觉上明显地表现为造型元素的某种对比，在形式上和画面位置上形成的对应关系，使画面的主体和陪体、主景和环境之间产生变化与协调、对立与统一的视觉关系，故称画面视觉的呼应原理。

呼应与均衡有非常紧密的联系。我们经常能够感觉到画面具有呼应关系的形式常常是画面均衡的力点，但实际上两者并不相同。均衡作为一种画面的形式语言，强调视觉的协调。我们的直觉总是力求进入画面的形象处于一种协调的状态，可以是视觉重力的实际平衡，也可以是视觉方向的心理平衡。而呼应作为布局方法，强调的却是均衡中的视觉变化，有形式的变化、有内容的变化，在变化中体现形式含义和形式美感。

可以说，照片画面正是在视觉均衡的统一和呼应的变化中使静态画面有了实质性的动感，不只是形式上的虚动，而是引起观者思维的运动——在画面的形象呼应关系中引发对形象的再思考。

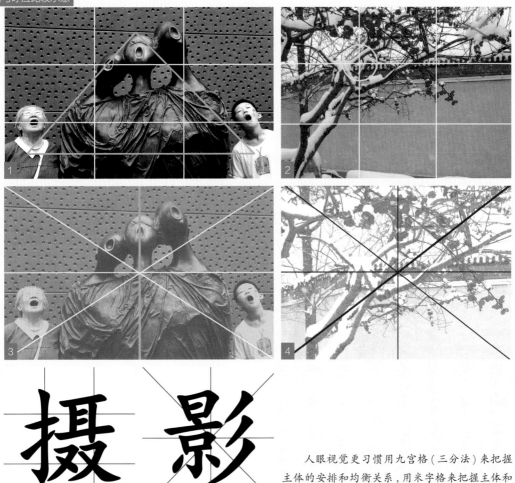

人眼视觉更习惯用九宫格（三分法）来把握主体的安排和均衡关系，用米字格来把握主体和陪体的呼应关系。

1　画面的左右均衡
2　画面的对角均衡
3　对称式呼应
4　非对称式呼应

◎ 1. 游园 康亚男 摄

　　原照摄于北京玉渊潭公园，利用阴天散射光拍摄。拍摄时选择不够深入，视觉中心分散，主体含糊，画面布局凌乱。裁剪时只取了原照的中间一部分，从裁剪照中我们可以看到两位游人安逸的背影，她们望着湖中的游船，改变了原照中游人匆匆的感觉。湖边两位坐定的游人与湖上两条游船的主、陪体相呼应，营造了画面的情趣，使画面从内容主题到形式构成焕然一新。

　　造成上述画面凌乱的情况有两种可能：一是初学者观察不够，感觉含糊，选择不当；二是设备不到位、拍摄距离太远或镜头焦距不够长。在裁剪之后，我们会感觉到学习观察、学习选择的重要性，同时也要注意器材配置是否到位。

　　照相设备固然重要，但是学会观察、学会选择仍然是第一位的。

在繁杂的立体视觉中提取
简洁的平面视像。

裁剪照

◎ 2.虹起山间 李晓鹤 摄

　　原照摄于四川，画面抓住了雨后山间起虹的瞬间，但画面的视觉中心——虹，受到了前景的干扰。作者的本意是利用深绿的树丛和黄绿色的田地力图使画面均衡，但反而扰乱了远处村落与远山彩虹的呼应关系，因此裁去前景，使画面的彩虹主体得到了强调。

　　任何"简化"对画面的影响都是综合的，既要考虑画面整体的均衡，还要考虑画面中景物的呼应关系。

简化前景，
突出主体或视觉中心。

裁剪照

◎ 3. 岁月留痕 沈蔷影 摄

原照摄于上海，利用清晨的散射光拍摄。已经废弃的铁路周围成了人们休闲歇息之地。铁道旁的长条椅子与长满野草的铁道互为主、陪体，关系明确。因此，裁去周围与主题无关的景物，只留下一条石头小路作为背景。使主、陪关系得到强调，主题更加鲜明。

"减法"是一种思路，也是一种方法，它要求我们的照片画面直奔主题，不要被周围的其他景致所迷惑。

简化背景，突出主体。

裁剪照

◎ **4. 留住春色 康亚男 摄**

原照摄于北京玉渊潭公园樱花节期间，正侧光拍摄。两位赏春拍照的年轻人进入了拍摄者的视线。拍摄者抓住时机拍下了小伙子侧身为小姑娘拍照的瞬间。主体虽然捕捉住了，但周围凌乱的游人却留在了背景上，后期对原照做了裁剪，强调了主体和陪体之间一红一黑、一正一反的呼应关系，突出了主体。

"近一点，近一点，再近一点"不仅是一种有效的拍摄方法，对裁剪也同样有效。

让画面主体更集中、
更富有张力。

原照

裁剪示意

裁剪照

◎ 5. 体能训练 康亚男 摄

　　陪体比背景往往具有更强的说明性，因此陪体很少作为裁剪对象，对陪体的裁剪也更为慎重。这幅习作记录了训练的实际情况，但画面缺乏视觉力度，显得平淡。裁剪后的画面几乎舍去了原照中的全部陪体，突出了主体，留下了想象的空间。

　　这是一幅针对陪体作裁剪处理的习作。裁剪不仅让画面变得简洁，而且使画面更加具有视觉张力，更加富有视觉想象力。

原照　　　　裁剪示意

简化陪体，突出主体。

裁剪照

◎ 6. 小鸽子与大铁炮 何宜南 摄

　　原照摄于山东，正午顶光拍摄。当一只白鸽飞落在炮台草坪上的时候，拍摄者抓住了这个瞬间。拍摄者使用的是大变焦（Canon PowerShot SX20 IS）相机，但当即并没有来得及使用长焦。后期按照画面立意裁剪，使画面呈方形构图，主、陪体都处于轴线位置，呈倒三角形构图，上下呼应。主、陪体关系清晰，使主题突出。

　　这是按照拍摄画面的立意着手裁剪的例子。事先的拍摄有想法，后期的裁剪思路就十分明确。

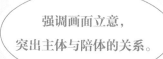

强调画面立意，突出主体与陪体的关系。

裁剪照

◎ 7. 湖中游 陈效华 摄

　　原照摄于北京玉渊潭公园，顺光，景物色彩明朗，相对饱和。原片中虽然有主体，但是主体与陪体关系不清晰，缺乏结构，上下失衡，在整个画面结构上似乎难以调整。但裁剪时发现主体游船与其倒影的虚实对比具有自身的形式构成，于是做了上述裁剪，使主景得到了强调。画面成为一幅上下对称式结构、主体和陪体上下呼应、结构特别的画面。

　　这是通过分析主体的形式结构进行裁剪的例子。当整体画面立意含糊、缺乏结构的时候，不妨集中到主体或陪体上，从形式上分析独立结构的可能性，以期锻炼在实际拍摄现场对主体形式的选择能力。

强调主景的形式构成，突出主体。

裁剪照

◎ 8. 京城又一春 唐嫒嫒 摄

　　原照摄于北京中山公园，画面视觉中心分散，过于拥堵的前景使画面零乱。在分析、裁剪时，我们看到了一个明显的呼应关系——色彩相近、线形对比明显的角楼与朱篷游船，于是利用有限的空隙，对画面做了裁剪，以强调呼应关系，画面顿觉简洁、明朗。

　　这是通过分析画面的呼应关系进行裁剪的例子。画面景物的呼应关系是照片画面具有条理性结构的条件之一，强调的是画面景物的视觉变化，对画面布局有重要的影响，常常是裁剪的切入点，更应该在拍摄时加以重视。

强调画面景物之间的呼应关系，突出主体。

裁剪照

裁剪图一

原照　　　　　　　　　　　　　　　　　　　　　　　　　裁剪示意

强调画面布局的均衡关系，突出主体。

裁剪图二

裁剪照二　　　　　　　　　　　　　　裁剪示意

◎ 9. 春雨归舟 陈捷 摄

　　原照摄于北京颐和园，阴雨天气时拍摄。由于天空缺乏层次感，致使左下方前景偏重，加上游船向左下方向行驶，加重了画面的失衡感。因此裁去左侧的前景和右上方的天空部分，尽可能使画面保持均衡（裁剪照一），同时使画面简洁，主体得到了强调。在第二次裁剪时，去掉了背景中的远山和佛香阁，打破了背景的具体性，留下了单一的水面。

　　这是一幅通过画面均衡关系进行裁剪的例子，画面景物的均衡关系强调的是画面的视觉协调。因此均衡感作为一种表述性语言，成了拍摄取景的要点，也是照片裁剪的重要切入点。

裁剪照一

裁剪图一

原照

裁剪示意

无论一张照片有多少种
裁剪方法，目的只有一个：
说明主题，突出主体。

裁剪图二

裁剪照二

◎ 10. 给妈妈照相 许雪梅 摄

　　原照摄于某地公园湖边，薄云遮日。画面捕捉了姐妹俩给母亲照相的瞬间，取景时考虑到了主体人物（姐妹俩），而没有很好地顾及陪体（母亲）的位置——湖岸边线正好在母亲的头顶上，如果机位上下略为改变，陪体位置就更合适了。尽管画面中母亲的姿势向左倾斜，但画面右侧仍然偏重，整体失衡。因此，对画面左侧做了较大的裁剪，使画面布局趋于协调。

　　还有两种裁剪思路：一是按照简化前景的方法裁剪原照，其结果更为合理（裁剪照一），只是裁剪后母亲头上的湖岸边线反而明显了，有点顾此失彼的感觉；二是只保留不完整陪体的裁剪方法（裁剪照二），也不失为一种思路，只是在一般旅游纪念照中不适合这样的裁剪处理。

　　一张照片裁剪有多种裁剪方法，是同一个被摄对象有多个取景方法的一种平面视觉的反映。但裁剪受到了画面的限制，失去了取景的自由。因此，摄影要有想法，要让更多的想法在拍摄取景时表现出充分的自由。

裁剪照一

◎ **11. 黄山望云 程远靖 摄**

　　原照摄于安徽黄山，侧顺光条件下拍摄，景物色彩明朗，但前景与背景所占空间过大，画面松散，尤其是前景使画面偏重失衡，破坏了画面景物的协调。后期对原照上的栏杆前景和天空背景做裁剪处理，构成宽幅画面，使山和云形成呼应，具有协调的美感。

　　这是一个通过裁剪使画面得以综合调整的例子，既简化了前景，又简化了背景，使画面景物的均衡与呼应关系得到了改善。

着眼画面布局的整体关系，
突出主体。

裁剪照

◎ 12. 雪地山庄 [美] 林纾 摄

　　原照摄于美国亚利桑那州旗杆镇（Flagstaff），利用阴天散射光拍摄。
画面暗部处的山庄成为画面的视觉中心，但前景中面积较大的雪地和左
侧孤独的松树使视觉中心分散了，于是裁去松树、部分雪地前景及雪山
背景，让暗部处的山庄充满画面，置于雪地前景和雪山背景之间，形成
平行的呼应关系，强调了视觉中心。

　　在风光摄影中，视觉中心是取景选择的焦点，也是后期裁剪的焦点。
因此，裁剪方向的确定取决于对画面视觉中心的判断。

画面的视觉中心决定
裁剪思维。

裁剪照

名人佳作的裁剪分析（一）

　　黄翔（1904—1990）是我国著名的摄影艺术家，该作品摄于 1961 年 11 月，广西阳朔兴坪附近。拍摄时轻烟细雨，黄翔利用了自然的空气透视形成的影调层次，加强了画面的空间透视效果。我们能够看到，拍摄者在后期裁去了原片中右上角前景位置的树枝和镜头近处的山势倒影，使画面简洁精练。作者大胆地将地平线置于画面中间，利用天空与水面上下影调虚实变化的呼应关系和捕鱼船的方向力感，使画面均衡而舒展。

　　该片于 1965 年获巴基斯坦国际摄影展金奖。

　　拍摄技术资料：双镜头反光相机，21 度胶卷，f/11，1/250s。

裁剪照　　　　　　　　　　　　　　　　　　　　　　　　　裁剪示意

　　用米字格结构图示分析，地平线在画面中间的位置，形成上下呼应的结构，视觉重力（右侧橙色下垂线）和视觉方向（捕鱼船行驶方向线）形成均衡感。

漓江渔歌　黄翔摄

名人佳作的裁剪分析（二）

　　该作品由我国著名摄影家刘恩泰所摄。1962年，他在担任新华社吉林分社记者期间摄于长白山林区某林场附近的小山上。他在较高的拍摄位置等候运送木材的火车从这里经过，在车头冒烟而又理想的位置按下了快门。

　　由于当年的双镜头反光相机无法配置长焦，较远距离拍摄往往需要后期裁剪，并且使用的是120胶卷，在采用长方形构图的情况下也需要裁剪。因此，当年的摄影家养成了事先观察分析的习惯，拍摄时往往就有了比较清晰的裁剪思路。

　　从原片分析，作者抓住了主体，视觉中心明晰。在米字格结构的斜线对称轴两侧，左上侧是森林，右下侧是雪原，火车在对称轴两侧穿越而过，线形流畅。拍摄时的主体部位居中，可见事先就有了明确的构图定位和后期的裁剪考虑，有胸有成竹之感。

　　拍摄技术资料：双镜头反光相机，黑白21定胶卷，f/5.6，1/125s，使用中黄滤镜。

裁剪照　　　　裁剪示意

在米字格结构图示中，可以看出对角对称轴线两侧（粗红线）的呼应关系和主体线形（橙色曲线）的走势。

林海运输　刘恩泰摄

第二节　调整形式语言

摄影的形式语言是利用摄影造型元素及其组合规律，在照相平面中呈现的组合规律的形式，包括对比、节奏、景别、影调及均衡感。我们将对比和节奏称为"选择性语言"，决定画面的结构；称景别、影调、均衡感为"表述性语言"，决定画面的情绪。在实际裁剪中，除了照片的影调外，其他形式语言都有所涉及。

裁剪照片时，我们往往习惯于分析照片的平面结构，从简化前景、背景入手。其实，在上一节分析照相平面结构的时候，我们已经运用到了画面的形式语言，比如对比、节奏、景别、影调与均衡感等，只是我们考虑裁剪的切入点是照片的平面结构（如对页图）。

有很多可裁剪的照片，如果通过对形式语言的分析来决定怎样裁剪会更加直接明了，对裁剪画面的把握也更加准确。

在裁剪实践中，我们会发现"调整造型语言"的同时也是在调整原作的表述意图。

摄影表述意图是摄影构图的依据，也是拍摄取景的起点，可以归纳为三种倾向：一为以表现空间形象为主，二为以表现空间关系为主，三为空间形象与空间关系平行表述。三者没有高低之分，完全是根据拍摄者的意图或图片使用者的需要。

摄影表述意图同样是照片裁剪的依据，也是照片裁剪的切入点，将"调整造型语言"与调整摄影的表述意图结合，裁剪思维会更加清晰。

一、强调对比

对比是照片画面中最普遍的表述形式，是摄影表述中最重要的形式语言，也被认为是摄影表述最重要的修辞方法。

对比分内容对比和形式对比两类。内容对比针对的是表现对象的具体内容，形式对比针对的是表现对象的表现形式。在实际拍摄中，内容对比是在对比中寻求统一，形式对比是在对比中突出主体。内容对比总是依赖特定的形式对比来提升摄影表述的内涵。

在照片画面中，任何景物都可以看作是色、线、形、影等抽象元素的结合体，任何影像实质上都是组成其画面的抽象元素对比的结果，因此形式对比对摄影具有普遍意义。没有对比，就没有影像，也就失去了摄影表述的意义。

在照片裁剪分析时，要重视照片上拍摄时没有注意到的色彩、线形、影调对比的形式，尤其是线形大小、影调明暗的对比，这是裁剪利用的重点。

1　利用色彩对比。
2　利用线形节奏。
3　利用虚实对比，调整景别。

◎ 1.大排档 严川 摄

　　原照摄于广西北海涠洲岛街头，中午时分，薄云遮日。原照大排档的帐篷和大排档的海鲜盆上下呼应，均衡布局，减弱了画面的视觉力度。因此，可以利用画面中造型元素的对比增强画面的视觉力度。有两种强调对比的裁剪方法：一种是取上舍下，另一种是取下舍上。考虑大排档的帐篷特点和线形透视效果，决定采取第一种方法，题名《大排档》，画面的视觉力度明显增强。如果按照第二种方法裁剪，主体变了，主题也就变了（裁剪照二《海鲜摊》）。

　　裁剪时，要取什么、舍什么取决于照片的主题，也是我们要通过画面表述的内容。裁剪与拍摄取景的思考方法是一致的，因此学习裁剪的根本目的不是裁剪，而是取景。

在对比中强调主题。

裁剪照一

◎ 2.走进藏乡 孙瑛勋 摄

　　原照摄于云南香格里拉，阴雨天气，散射光，光照均匀。在画面布局中，人物与景物的线形大小对比突出，佛塔的节奏和线形透视效果明显。裁剪时舍去了左侧远处的人物，强调了人与物的单一对比。

　　实际景物之间的对比关系往往是多元的，而照片画面必须选择一个具有主导性的对比形式。

原照

裁剪示意

对比越单一、越简练，
视觉张力越大。

裁剪照

◎ 3. 雕塑 王传英 摄

　　原照摄于清华大学，校园雕塑。阴云，散射光。画面表现了成沓的印刷物品状的塔形雕塑。原照试图将位于前景的椅子与雕塑对比，但构图不够到位，视觉力度不足。于是裁去了椅子和右侧的树，突出主体雕塑，与雕塑后边的人物构成线形大小的对比，既强调了主体，也增强了视觉力度。

　　照片画面要强调对比的单一性，拍摄取景与照片裁剪是同样的道理。

对比既要单一，
还要合理。

裁剪照

◎ 4.公园小景 康亚男 摄

　　原照摄于某公园门口，晴天侧光拍摄。景物线形强烈，立体感明显，裁剪画面只取了原照中间的一部分，也是景物与人物对比最鲜明的部分。虽说是公园小景，却颇有视觉冲击力。

　　对比是"力"的平面形式，对比越强烈，力量就越大。

语言要简练，对比要单一。

原照

裁剪示意

裁剪照

◎ 5.昆明湖上 张德兴 摄

　　原照摄于北京颐和园昆明湖。傍晚时分，落日余晖金光灿灿，逆光画面产生了近暗远亮的影调透视感，使画面构成了低色温条件下的暖调。画面的主要问题是前景凌乱、背景不够简洁，因此按照简化前景和背景的方法，有必要裁去部分前景和远景，突出主题。从强调对比的方法来说，同样应该做这样的裁剪，以强调余晖中的小船与大片游船的对比，通过画面语言强调主题。

　　作者在具体拍摄时把握了视觉中心，抓住了小船进入落日波光的瞬间，一时无法顾及前景和背景的处理。这种情况一旦发生，那么就把准确的画面处理留给后期。因此，摄影对现场的准确把握是极有难度的。

　　裁剪与拍摄一样，也要多方位思考，通过不同的裁剪思路和方法，可以锻炼拍摄取景的判断力，学习对现场的准确把握。

"抓住一点，也及其余"
是裁剪的思考，
更是拍摄的思考。

裁剪照

◎ 6.中山公园 程远靖 摄

　　原照摄于北京中山公园，薄云遮日。画面利用了深暗的大树的影调，也利用了花圃道路的线形透视效果。但在画面布局中，没有观察到合理的对比形式，仍然感觉视觉中心松散，整体失衡。裁剪时分析画面构成：主景为公园大门，前景为大树，可以看出大树与大门的呼应关系及其两者构成的影调对比，于是按此思路进行裁剪。裁剪后的画面强调了对比、明确了视觉中心，也简洁了画面。

　　要学习分析照片画面的平面构成，学习重新梳理前景、主景和背景的关系，这样有益于照片裁剪，更有益于提高拍摄取景能力。

强调一种对比形式，关键在于找到这种对比形式的呼应关系。

裁剪照

◎ 7.秋 汪丹熙 摄

　　原照摄于新西兰，路旁高大的枫树成了画面的主体，习作主题明确，画面也有相应的对比形式——枫树和汽车，构成的暖和冷、大和小的对比，但是画面右上部分较为明亮的天空，分散了画面对比的注意力，因此裁去画面的右上部分，形成方画幅，强调了对比，突出了主题。

　　要把观众的注意力集中到画面的对比形式上来，尽可能排除画面上干扰视觉的造型元素。

在单一的对比中，
体现呼应关系（色彩、大小
和疏密）。

裁剪照

裁剪图一

原照

在单一的对比中，
体现呼应关系。

裁剪示意

裁剪图二

裁剪照二

◎ 8. 凤凰水乡 孟华 摄

　　原照摄于湖南湘西凤凰古城，顶光拍摄。原画面以对岸船坞一角为前景，与对岸的主景相呼应，构图合理。但原照的前景并不好看，也没有明显的透视效果。在分析画面构成后，发现一乘小舟从水榭建筑旁划过，构成了物与物之间的线形大小、影调明暗的对比。于是对原照做了裁剪，舍去了前景和过曝的背景，形成了裁剪后的宽幅画面。如果把背景明亮处的建筑都舍去，排除明亮部位的视觉干扰，增强小舟与建筑对比的单一性，也是一种合理的裁剪。

　　并不是每一张照片都能够再次梳理出合理的对比关系，关键要在拍摄时就重视所选择景物之间造型元素的对比及其呼应关系。

裁剪照一

◎ 9. 画里画外 栾良学 摄

　　原照摄于北京颐和园西堤，晴天顺光拍摄。景物色彩饱和，画面的视觉中心分散，画面纷杂。但在画面左侧可以看到一种对比关系，即裁剪后画面——一位拍摄者和一位被摄者，一背一侧、一左一右、一红一黑、一里一外。这是一种寄予内容的对比形式，产生了可视性和可读性。

　　重视裁剪分析，启迪取景思维，有助于提高摄影选择和瞬间的判断能力。

在对比中取得变化。

裁剪照

◎ 10.夕照西堤 宋晓伟 摄

　　原照摄于北京颐和园，画面呈暖调，有明显的影调透视感，加强了画面的空间感。裁剪时分析了画面的形式语言，裁去画面左上方不必要的前景树枝和背景天空，强调单一的线形对比和呼应关系，增强了画面视觉张力造成的影响。裁剪后，画面突出了线形对比的单一性——前景的竖直线与远方的平行直线，明显增强了平静而舒缓的感觉。

　　在实际场景中，景物的对比是综合性的，而摄影的形式目的是尽可能地选择单一性对比。照片画面的视觉张力是造型元素对比的结果，对比形式越单一、越明确，视觉张力越强。

裁剪照

二、强调节奏

　　节奏是线条、形状、明暗、色彩等构图元素在特定的光线条件下形成的连续、重复、间断、交替、渐变等平面形式，成为照片画面重要的形式语言。

　　节奏分为有序节奏和散序节奏，有序节奏是由景物的构图元素连续交替、直接呈现出来的有序形式，形成一种视觉节律。散序节奏也称节奏感，是由景物的构图元素相间交织，间接呈现出来的趋于有序或接近有序的视觉倾向。景物直接呈现的有序节奏使视觉有序而舒缓，画面显得安谧而平静；由景物间接呈现的散序节奏使视觉跳跃，画面充满律动，富有动感和变化，被称之为照片画面中最悦目的形式。

　　在一般情况下人眼视觉对景物的有序节奏比较敏感，易于辨认和发现，而对景物的散序节奏并不敏感。因此，利用画面存在的节奏，尤其是散序节奏，是裁剪分析的重点。

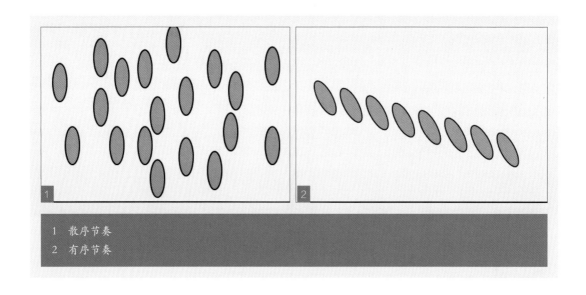

1　散序节奏
2　有序节奏

◎ 1. 渔场 熊思政 摄

　　原照摄于北京某水库，薄云遮日，利用散射光拍摄。渔场围网在碧湖中斑驳点点的散序节奏明显成了画面的视觉中心，裁去远山背景，强调水面节奏，裁剪思路非常明确。

　　简化背景与强调节奏的两种裁剪结果看似相同，但出发点并不一致。"强调节奏"的方法总是"强调"在先，"简化"在后。首先要理解节奏、认识节奏，明确了画面节奏，才会有效地简化背景。

原照

裁剪示意

裁剪照

利用"散序节奏"，
提升画面的形式感。

◎ 2. 唱支民族团结歌 宋振义 摄

原照摄于湖南湘西凤凰古城，晴天薄雾，散射光。近景人物色彩鲜艳，中远景影调透视感明显。原照水面上的河墩有明显的节奏感，画面中身着民族服饰的人们与摄影师形成对比，构图合理。但摄影师的出现与原照的立意并没有必然的联系，因此可以裁去摄影师，利用身着民族服饰的人们与河墩的双重节奏，使主体更加明确、主题更加鲜明。裁剪后为方形画幅。

当节奏与对比同时出现的时候，对比的一方必然成为视觉中心，如果节奏一方是主体，就要设法舍去对比。

裁剪要重视利用节奏、
强调节奏。

原照

裁剪示意

裁剪照

◎ 3. 滨海泊舟 孟志敏 摄

　　原照摄于澳大利亚某海滨，光照强烈的海面与游船构成了画面的视觉中心。在原照中，可以看到逆光游船的桅杆与其倒影形成的节奏，完全可以充分利用，因此后期裁去了与游船节奏无关的景物。第一次裁剪保留了上方的树枝前景（裁剪照一），第二次裁剪只保留了有节奏的游船。两次裁剪都是合理的，但第二次裁剪后，画面凸显了节奏的单纯之美。

　　无论是裁剪还是拍摄，简约之美总是照片画面无止境的追求。

无论是对比还是节奏，都要强调形式语言的单一性。

裁剪照一

◎ 4. 遮阳伞 黄兵力 摄

　　原照摄于印尼巴厘岛，顺侧光条件下的景物色彩和质感都有较好的表现，画面布局到位。但在画面中，左侧遮阳伞的影子与右侧遮阳伞构成的呼应关系，以及节奏与人物的对比，可以成为画面的视觉中心。因此，裁去了远处的瓦房和近处的瓦顶，突出了遮阳伞，简化了构成，提升了影子与实景的形式趣味。如果按照简化背景和前景的方法，裁去与遮阳伞无关的景物，也可以得到相同的裁剪结果。显然，按照"强调节奏"的思路裁剪更为直接，也更为明确。

　　直接分析画面中的造型语言，利用造型语言的平面组合进行裁剪，是"单刀直入"的方法。

节奏就是兴趣点，
就是主体。

裁剪照

◎ 5. 隆冬园林 程远靖 摄

　　原照摄于北京玉渊潭公园。雪后初晴，公园路旁的大树披着白雪，形成了有节奏的线形。正在工作的环卫工打破了大树的节奏，构成了线形大小的对比。裁剪时，把原照左侧的道路部分全部裁去，使画面呈单一的节奏和对比。从呼应关系考虑，可以将路旁的路灯也裁掉（裁剪照二）。但为了保持公园的特点，在裁剪照中保留了路灯。

　　单一的对比就是对比，而连续的对比就是节奏。当节奏与对比同时出现的时候，要设法加以利用。裁剪是这样，取景更是这样。

利用节奏、突出节奏，拍摄和裁剪是同一个道理。

裁剪照一

◎ 6.古镇游 曾泽冰 摄

原照摄于某古镇，利用阴天散射光拍摄。画面中木桥上装饰灯笼的节奏是视觉中心，但拍摄时镜头没有到位。裁剪时，先将原照做了旋转调整，取直地平线。由于画面两边的前景比较凌乱，为了保留桥上灯笼比较完整的节奏线形，舍弃了其与水车的对比，最终按照强调节奏的方法，使画面集中表现红灯笼的节奏，裁剪后呈方画幅。

节奏是最有图案感的形式，容易引发裁剪思路，需要在拍摄观察中予以重视。

画面有了节奏，就要想方设法让它得到集中展现。

裁剪照

◎ 7. 船家之晨 曾泽冰 摄

　　原照摄于水上古镇古码头渡口，利用清晨的散射光拍摄。干净整洁的游船成排停靠在码头上等候游人的到来。原照是一幅主体形象（成排的游船）与空间关系（古码头渡口）平行表述的画面，平面构成合理，构图到位。但从画面主体的形式语言（游船的节奏）分析，可以改变画面的表述意图，突出有节奏的主体形象。因此，裁剪从"强调节奏"入手，裁去了前景和背景的辅助成分，成为一幅以主体形象为主的画面。

　　这个裁剪思路与泛背景的应用有异曲同工之处，但当主体出现复合型结构并产生节奏的时候，"强调节奏"比"简化背景"的裁剪思路更为确切、更有说服力。

裁剪思维可以从调整表述意图入手。

原照

裁剪示意

裁剪照

◎ 8. 戏水 钱红叶 摄

　　原照摄于北京某游泳馆，室内自然光，馆内泳池的现场记录，没有特别吸引视觉的地方。裁剪分析集中在泳池人物的散序节奏感，于是裁去具体性背景，留下了具有一定节奏感的部分构成。画面没有了特定的场地所指，反而增强了人们在泳池戏水的形式感。

　　在摄影取景的时候，被摄对象在取景框里只是内容的一种"形式"。一般性记录看的是"内容"，选择性记录看的是"形式"，这是两者的重要区别。拍摄是这样，裁剪也是这样。

"散序节奏"是更为普遍的节奏形式，要勤于观察，善于利用。

原照

裁剪示意

裁剪照

◎ 9. 盆景画意 张楠 摄

　　原照摄于某公园盆景展，室内自然光下拍摄，为一般的景物记录。拍摄者被盆景的线形所吸引，拍下了这个完整的盆景。眼睛看到的盆景与照片拍下的盆景并不是一回事，在照片中，完整的盆景和繁复的环境影响了眼睛所感受到的线形。因此，集中利用盆景上部的线形节奏成了裁剪分析的焦点。经过裁剪，一张普通的记录照片成了一幅有意于节奏构成训练的好习作。

　　裁剪画面经适当的后期处理，提高了影调，与背景的国画融为一体，增加了画面的意境。

　　拍摄时往往很不经意，单凭瞬间直觉，难以刻意为之。但在裁剪时一定要认真思考，有意而为。

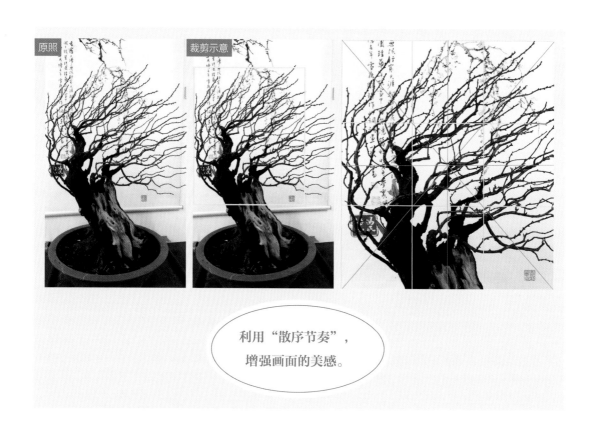

利用"散序节奏"，
增强画面的美感。

裁剪照

◎ 10. 五彩滩 王庆忠 摄

　　原照摄于新疆吉木萨尔县五彩城，侧逆光拍摄。天空过曝，背光处色彩黯淡。只有侧逆光投射方向的岩石边缘色彩明亮，整体影调比较丰富，层次分明，呈现出明显的光影节奏，于是把裁剪线确定在这个节奏明显的部位。

　　如果经过裁剪能够得到一幅尚可观看的习作，就是一次拍摄经验的积累。

利用"散序节奏"，
改善画面结构。

原照

裁剪示意

裁剪照

◎ 11. 元阳梯田 张秀勤 摄

　　原照摄于云南元阳，展现了侧逆光下的哈尼梯田，呈现出强烈的影调透视效果和线形节奏。为了强调节奏，裁去了有碍视觉节奏的背景，使画面充满线形节奏，从视觉上扩展了对哈尼梯田宽阔无垠的感受。

　　画面节奏的单一性，能够使有限的画面带来无限的视觉感受。

利用"散序节奏"，
增强画面的视觉张力。

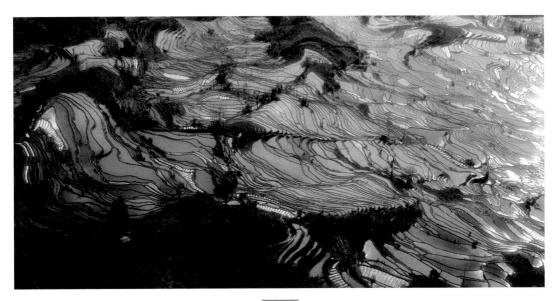

裁剪照

◎ 12. 现代空间 [美] 林原 摄

　　原照摄于美国西雅图，城市夜景。摄影者采取了 HDR（高动态范围）拍摄方法，增强了夜景的暗部层次，画面的城市灯光细节丰富，但并没有改善天空过暗的状况。裁剪分析集中在城市灯光的散序节奏上，于是考虑裁去天空，强调节奏，突出现代城市夜景的一种视觉感受——密集而繁忙的空间。裁剪后题名为"现代空间"。

　　把摄影技术的运用与艺术感受力结合起来，将会拥有视觉创新的无限天地。

摄影形式语言的运用，不只是裁剪思维，更是一种摄影眼光。

裁剪照

三、调整景别

　　景别是照片画面的一种表述性语言，不仅控制着整个画面的形式结构，而且调动着拍摄者及观众的思维和情绪。

　　景别与拍摄位置关系密切，拍摄距离的不同、镜头焦距的变化都能够引起照片画面景别的变化，有远景、全景、中景、近景、特写之分。风光摄影中有"远取其势，近取其形"，在人像摄影中有"远取其形，近取其神"的说法。到底拍摄者能够在多大程度上控制其势、其形、其神，最终的平面形式完全是在景别的大小上得以表述的。

景别的变化图示（陈萌莉 摄）

对照片裁剪来说，其实任何一种裁剪调整实质上都是在调整景别，只是裁剪思路的出发点不同或是对景物主体的看法不同（如下图），其结果都会对造型语言的表述产生影响。

1　由画面节奏引起的裁剪思考。
2　由画面景别大小引起的裁剪思考。
3　对画面景物主体构成的不同看法引起的裁剪思考。

◎ 1. 蜜蜂与花 王玉平 摄

　　原照在侧逆光条件下拍摄，采用了中景景别，利用小景深以期突出蜜蜂和花，但实际上画面右侧的背景偏亮，影响了观众对主体的关注。后期裁剪时产生对主体观赏的一种自然选择——再近一点。由此引发思考，完全可以采用近景画面使蜜蜂成为对比的焦点——画面的视觉中心，于是将原照调整为近景。

　　看似调整景别，实质是在利用对比。原照中，蜜蜂与花的对比是调整景别的基础。

近一点，
能够更加引人入胜。

裁剪照

◎ 2.兰花 谢邦泽 摄

　　原照摄于室内，自然光和灯光混合照明。观看这张照片，观者的目光自然集中到这丛兰花上，这正是引发"调整景别"裁剪的视觉原因。但裁剪的切入点仍然是这丛花自身的散序节奏。如果没有这种节奏，也就不适合用"调整景别"的方法进行裁剪了。

摄影的形式语言是
"调整景别"的基础
——强调节奏。

裁剪照

◎ 3. 美人蕉 程远靖 摄

　　原照摄于室内花圃，利用自然光拍摄。画面主体明确，两朵花对称式左右呼应，有一定的构图感。裁剪时，先适当旋转画面，再进行特写画面处理。

　　在前几幅花卉习作中，我们都看到了原照中的主体构成，或有对比，或有节奏，或对称呼应。总之，调整景别的裁剪方法，依照的仍然是"平面构成"与"造型元素"。

　　没有合理的主体构成，是很难用"调整景别"的方法进行裁剪的。

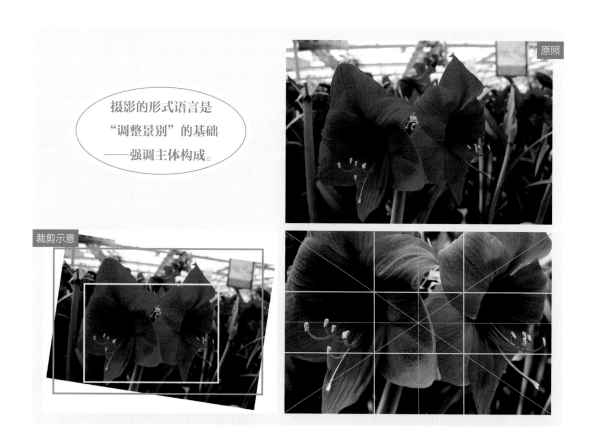

摄影的形式语言是
"调整景别"的基础
——强调主体构成。

原照

裁剪示意

裁剪照

◎ 4. 拍花 乔玉成 摄

　　原照摄于北京中山公园，利用侧逆光拍摄。主体突出，主体和陪体关系明确。按照"简化背景"的裁剪方法，首先应该裁去背景。但画面局部严重过曝，并非裁去背景就能够改善画面，而是应该在拍摄时就"再近一点"，或者将焦距调大。因此，裁剪时就必然有"调整景别"的想法，将原照裁为近景画面。两种裁剪方法都是合理的。

近一点，
摒弃与主题无关的景物。

裁剪照一

◎ 5.画花 姜秋菊 摄

　　原照摄于北京景山公园，利用散射光拍摄。拍摄者捕捉到画作即将
完成的瞬间，主体突出，主体和陪体分明。画面布局基本到位，只是画
面左侧的树干与右下方的路面有不协调的感觉。裁剪分析有两种思路：
一是保留背景，二是调整景别。第一种方法为裁去右侧画面，使地面协
调，使左侧树木与右上方树木产生均衡感，成方形画幅（见裁剪照一）。
第二种方法是调整景别为特写，突出主陪体关系，使画面简洁，同样为
方形画幅，画面安逸而稳定（见裁剪照二）。

　　背景留也好，舍也好，裁剪与取景一样，"从简"是硬道理。

近一点，
让主陪体成分更加明确。

裁剪照二

◎ 6. 人物写生 康亚男 摄

　　原照摄于北京玉渊潭公园，利用散射光拍摄。主体和陪体明确，作画人身后的树干影响了画面。裁剪时，只能用"调整景别"的方法。

　　裁剪时的"调整景别"就像使用中长焦镜头，要把有碍视觉的景物排除在画面之外。

近一点，
能够更加引人入胜。

裁剪照

◎ 7. 瀑布　孙莎丽 摄

　　原照摄于北京市郊，在顺光条件下拍摄了这个街头人工景观。作者运用低速快门拍摄，使瀑布产生了视觉动感。画面基本完整，但整体布局一般，属于记录性场景。拍摄时，人们往往嫌画面太小，容不下眼前美景；而裁剪时，我们又会嫌画面过满，拍下的景物不好看。问题在于拍摄时我们往往关注的是被摄内容，而没有从被摄景物的形式上加以认识，因此拍摄的结果经常是"记录有余，表现不足"。

　　照片的裁剪总是由大裁小，关键是要看裁什么，裁到什么程度。此片看似在调整景别，实际上是调整画面的形式语言——节奏感，包括调整布局和呼应关系，提升画面的表现力。

原照

在确定主题之后，
同拍摄一样，
裁剪要从形式入手。

裁剪示意

裁剪照

◎ 8. 泉 吕春荣 摄

　　这幅习作摄于贵州，画面布局松散。利用"调整景别"的裁剪思路和方法，裁去与主题不相关的景物，使主体突出，构图丰满。

　　摄影取景要"吝啬"——边角之地也要用好，照片裁剪要"大方"——一丝杂物都要裁掉。

取景要"吝啬"，
裁剪要"大方"。

裁剪照

四、调整画幅

　　画幅是指照片不同的长宽尺寸构成的形状，一般按照相机的画幅格式（似同传统胶片的规格）分为横画幅、竖画幅和方画幅等基本形状。

　　画幅调整在照片裁剪过程中是最为明显的，尽管裁剪的出发点不同，但是最终改变的都是画幅。这里，我们集中几幅以"画幅"为切入点的裁剪例子，讨论横、竖、方形三种画幅的裁剪。因为人眼通常习惯左右扫视，所以在取景时人们喜欢利用横画幅。其实横竖画幅的利用完全取决于景物的线形走势和拍摄意图。一般情况下，横画幅照片的视觉效果强调宽广，而竖画幅照片的视觉效果强调高远，方画幅强调稳定。在实际裁剪时，线形走势是客观的，比较容易判断，而拍摄意图是主观的，在很多情况下，裁剪思路与拍摄思路不一定相符。在下面的案例中，原片是以空间关系为主的表述，而裁剪片是以空间形象为主的表述，因此，不需要界定孰好孰坏，需要的是探讨表述意图选择的重要作用，培养摄影眼光，不断提高摄影选择能力。

原片与裁剪片不同的表述意图比较：
1　裁剪片是以空间形象为主的表述方式。
2　原片是以空间关系为主的表述方式。

海边　傅文洵摄

画幅作为景别的组成部分，对主体的表现有着特殊作用，到底是横画幅好，还是竖画幅好，或者方画幅好，根本上取决于主体构成，即主陪体的组合形式，俗称主体的样子。下面我们举例说明画面的主体构成对画幅利用的关系。

《长白山》原照是一幅横画幅的习作，但是当我们在关注画面右边的枯树林时，主体构成发生了变化，我们会感觉到应用竖画幅更适合画面的表现。由于主体构成的改变，引发了裁剪思路。

◎ 1. 广场雕塑 李晓辉 摄

　　原照摄于德国，阴天散射光，横画幅表现了德国城镇的广场和在广场雕塑下休息的人们，而并非雕塑。裁剪为竖画幅，主体构成发生了变化，这座广场雕塑相对突出了，在与休息的人们的呼应和对比中，雕像显得高大了。其实这只是调整画幅后的视觉效果。

　　要重视横竖画幅对景物产生的不同的视觉影响，其实质是利用画幅，调整主体构成，表述主题。

调整主体构成，利用画幅改善画面布局。

裁剪照

裁剪图一

让"画幅"有
助于表达拍摄的意图。

原照

裁剪示意

裁剪图二

裁剪照二

裁剪示意

◎ 2. 相约黄昏后 方霞 摄

　　原照摄于北京玉渊潭公园，黄昏时分，画面主体居中，构成合理，但是画面上方的树枝和下方的树丛在四周形成的深色影调干扰了画面的平静，影响了原照的主题，因此要尽量裁去四边的深色影调，减弱明暗变化。裁剪分析后出现了横、竖两种画幅的构成。

　　趋于单一的影调，感觉平静；明显变化的影调，感觉跳动。两种画幅都较原画面感觉平静，但是横画幅的画面更单一，因此也更符合主题。

裁剪照一

◎ 3. 祈福 杜卫平 摄

　　原照摄于云南丽江，夜景，闪光灯辅助照明。画面曝光合理，只是画面中"楼餐厅"的字牌对主体人物手持荷花灯祈福情景有所干扰，因此只有通过裁剪去掉字牌，同时改变了画幅。在裁剪后的竖画幅中，主体居中，与灯笼陪体呼应，构成更为合理，感觉平静安适，强调了原照的立意。

　　原照中主体人物与陪体灯笼的呼应关系以及相互的位置，为画幅的调整提供了条件。不论采用什么画幅，都需要有合理的主体构成作为支撑。

改变画幅，让"画幅"更有利于主题的表达。

裁剪照

◎ 4. 花开季节 妙星 摄

　　原照摄于北京中山公园，侧逆光，画面以盛开的花丛为前景，由于花丛在树荫中，按照前景曝光，中远景稍有过曝。画面将主体花丛安排在前景位置，背景适当虚化是可取的，但是横画面的背景显得有些繁杂，于是调整画幅，把原来的横画幅裁剪为竖画幅，远处仅留下了影影绰绰的脚步，减少大面积的背景，强调了主体花丛，发挥了竖画幅的深远感，增强了主题的意境。

　　照相画面的画幅再大也只是一个视觉的局部，画幅无论横竖，一定要让这个局部发挥作用，或深远，或宽阔，能够使观众在这个局部中感受到视觉整体的意蕴。

改变画幅，让"画幅"
更有利于体现画面意境。

裁剪照

◎ 5.月伴夕阳 冯智华 摄

　　原照摄于北京近郊，日落时分，夕阳与初升的月亮在水面上辉映，画面经过地平线取直调整，将落日安排在画面中间，原来的横画幅展示了开阔的水面。这幅照片具有竖画幅的构成机理，作为横竖画幅变换的示范裁剪，我们将原照裁剪为竖画幅后，实际上景别的调整效果十分明显，日月辉映的画面主题得到了强调。而且竖画幅的视觉效果与横画幅有很大的区别，画面由感受视觉的宽阔，转变为感受日月辉映的神奇。

　　同样的景物，采用横画幅或竖画幅看似都可以，但是实际的视觉效果并不相同。因此，画幅的应用需要思考，它同样取决于我们对景物主题的理解，表述我们对景物的看法。

改变画幅，
让形式更强烈，
主题更突出。

裁剪照

◎ 6. 峡谷索桥 郭玉坤 摄

　　原照摄于台湾花莲县太鲁阁峡谷段,顺侧光条件,景物层次相对平淡,这时采用横画幅表现纵向的峡谷索桥,并不是一个理想的角度,于是裁剪调整为竖画幅,显示索桥的纵深感,使原来横画幅的效果有所改善。

　　尽管没有规定,横向景物要横构图,竖向景物要竖构图,但是就其视觉的合理性来说,景物的方向性与画幅的协调还是应该予以重视。

改变画幅,
让画幅格式"说话"。

裁剪照

◎ 7.滨河大道 李晓辉 摄

　　原照摄于德国，顺侧光，画面以滨河大道为前景，一侧是沿河的路灯，另一侧是树木，前方是教堂，闲暇的人们在林荫下休息。原画面采用横画幅，教堂是画面的视觉中心，可以感受到小城镇沿滨河方向宽阔的感觉。试调整主体构成，裁剪为竖画幅，画面的视觉中心发生了变化，林荫下的人成了视觉中心，与高耸的教堂形成呼应。环境也顿时发生了变化，宽阔的感觉没有了，代之以普通林荫道的感觉。

　　画幅的变化改变了主体构成，能够引起视觉感受的变化，因此拍摄时不要轻易否定一种画幅，如果景物结构合适，不妨横的竖的都拍一张。

调整主体构成，
改变画幅格式。

裁剪照

◎ 8. 等候绿灯 李晓辉 摄

　　原照摄于德国柏林街头，薄云遮日，画面拍摄了两位骑自行车的女士，在路上并无车辆往来的时候，依然停车等候绿灯的一刻。相机"扫街"捕捉一则很有内容的瞬间并不容易，画面抓住了这一瞬间。将竖画幅裁剪为方画幅，红绿灯与骑车人构成呼应关系，表述了明确的主题。方画幅的稳定感有利于增强画面的主题立意。

　　让画幅成为景别语言的组成部分，为主题服务。

原照　　　　　　　　　　裁剪示意

改变画幅，
强调对主体的认同和主题
的表达。

裁剪照

裁剪图一

原照　　　　　　　　　　　　　　　　　　　　　　　　裁剪示意

利用画幅的表现力
——表达运动的方向。

裁剪图二

裁剪照二　　　　　　　　　　　　　　　裁剪示意

◎ 9. 翔 李明山 摄

　　原照摄于北京动物园，采用横竖不同的两种裁法，表述了两种不同的方向感，竖画幅中鸥鹭由高处直下，横画幅中鸥鹭由高处倾斜而下。

　　裁剪要注意利用不同画幅对主体方向感的影响，使画幅产生相应的表现力。

裁剪照一

◎ 10. 白雪红灯　古林涛 摄

　　原照摄于北京玉渊潭公园。画面用亭廊和红灯笼作为前景，以期打破雪中景物低反差的平淡感，使整体画面产生了预期的效果，有了比较理想的构成基础。有两种裁剪思路：第一种利用原照结构，裁剪成方画幅，中心对称式结构，裁剪后的画面中正大方（裁剪照一）；第二种裁去了全部的前景，改成横画幅，画面呈现出单一的影调，淡雅静怡（裁剪照二）。

　　景别与画幅是摄影的一种表述形式，影调也是一种表述形式。景别与画幅容易通过裁剪得以调整，影调却不易通过裁剪获得。确切地说，画面的影调应该在拍摄时充分观察，加以利用。

利用画幅的表现力
——强调一种形式语言。

裁剪照一

◎ 11. 风雪行人 古林涛 摄

　　原照摄于北京玉渊潭公园，冬雪，顶着风在大雪中行进的人被摄入了镜头，一位打着红伞，一位扯着帽子。人与人、人与景的对比，色彩的对比，在雪天的单一色调中十分协调。可以说，画面人物生动，对比合理，调性和谐，而问题在构图，这是瞬间捕捉时造成的，因此裁剪作画幅调整，裁去了原照左侧的树木，处理为方画幅，使原照不经意的部分得以简化。

　　我们力求不裁剪，少裁剪，但是不少情况下的拍摄，事后不得不裁剪，因此裁剪也要重视，还要下功夫。

利用画幅的表现力
——改善画面布局。

裁剪照

◎ 12. 假日 李晓辉 摄

　　原照摄于德国，天气晴朗，时有薄云，散射光。画面色彩饱和，层次丰富，游客在花园喷水池边休闲、观赏。构图采用了上方空旷、下方密实的上下呼应结构，但是画面左侧孤立的游客偏离中心，产生了极大的视觉重力，致使画面时有视觉中心偏移的感觉。后期裁剪时出现了对原照不同的理解及不同的裁剪思路，一个表述假日的气氛，另一个表述假日中的人物。

　　两种裁剪思路是：第一种裁去画面左侧的人物，保持上下呼应结构，改为方画幅，强调原照右侧的一组人物所构成的节奏与对比（裁剪照一）；第二种裁去大部分空间，改为横画幅，以两组人物为主体，强调孤立的人物和成组的人物的对比（裁剪照二）。

　　对画面立意的不同理解，就会有不同的拍摄，也就会有不同的裁剪。

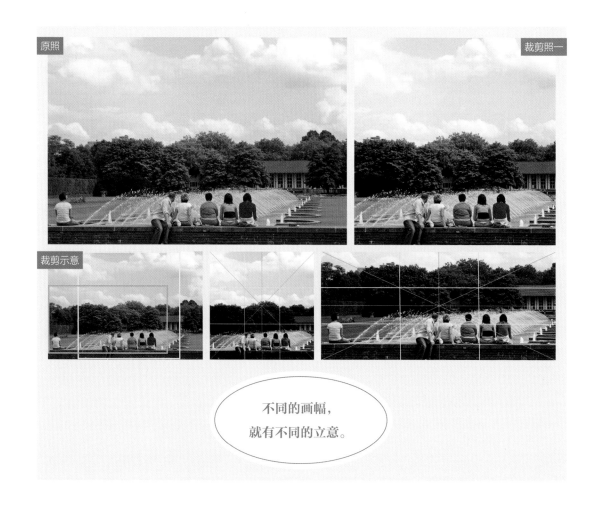

不同的画幅，
就有不同的立意。

裁剪照二

名人佳作的裁剪分析（三）

　　该作品的拍摄者是我国著名摄影家陈勃，他是我国唯一获得"造型艺术成就奖"的摄影家。在这幅作品原片非常严谨的裁剪线上，我们可以看到作者在拍摄前的观察和思考，以及在按动快门时对瞬间光影的把握。经过裁剪，景别做了适度调整，画面更加集中，主体更加突出。这是一幅低调作品，作者运用了现场光效，通过调性语言，营造了钢琴演奏中的一种深沉、浑厚、凝重的瞬间气氛。裁剪后，画面强调了演奏者的头部、双手和键盘，线形简洁，对比强烈，使读者能够感受到演奏者指间的力度和节奏动律。

　　拍摄技术资料：单镜头反光相机，24定胶卷，f/4，1/50s，室内灯光照明。

　　通过图中的对角对称轴线（粗红线），可以看出画面主体人物与手、键盘之间的呼应关系，以及强烈的影调对比。

钢琴家刘诗昆　陈勃 摄

名人佳作的裁剪分析（四）

这是一幅入选《中国摄影五十年》的作品，由我国著名军旅摄影家陈文辉在 1962 年摄于旅顺港。

从作品原片的裁剪线分析，这是一幅拍摄时就已经有了裁剪思路的作品。裁剪框严整，地平线置于裁剪后画面的下方约三分之一处。画面充分运用了对比和节奏的形式语言，裁去了右侧的行人后，孩子们学着解放军的步伐，构成了画面中军人行进的视觉节奏与孩子们的单一对比，加上透视线形的汇聚方向，使主体孩子们更加突出。在小男孩们的后面跟着一个女孩子，她成了画面中的特殊陪体，显然男孩子们没有让女孩加入他们的行列，但她执拗地走在后面，无形中增强了画面的故事性。这个女孩正巧在画面透视的汇聚点上，反而成了主体的重要部分。

拍摄技术资料：双镜头反光相机，24 定胶卷，f/11，1/125s。

在九宫格中，不难看到画面主体（孩子们）的位置；在米字格中，可以分析画面主陪体的呼应关系。

我是一个兵　陈文辉 摄

第三节　调整画面布局

一、调整主体或视觉中心的位置

在实际拍摄中，初学者最容易犯的毛病就是"包罗万象"，不会取舍。因此，不少摄影习作中便出现了视觉中心含混、出现多个主体的情况，成了裁剪处理的重点之一。

视觉中心俗称"兴趣中心"或"兴趣点"，如同画面主体一样重要，前面的裁剪例子中已经涉及了这个概念。

对于人物、静物等主体相对明确的被摄对象，视觉中心就是主体。但在风光摄影中，视觉中心往往是景物中最能够吸引注意力的地方。由于每位拍摄者关注的景物有所不同，视觉中心常常让人迷惑不解。其实，视觉中心是十分具体的平面形式，准确地说，是足以表达这种注意力的平面形式。在照片画面中，实际上只有三种形式：一是造型元素的对比，二是造型元素对比的增强，三是造型元素对比的重复（节奏感）或对比的弱化（造型元素的单调性）。其中，造型元素的对比不仅是摄影造型的基础，同样是强调视觉中心的基础。

在实际裁剪中，"调整主体和视觉中心位置"是由于人们对原照的不同理解而产生对主体或视觉中心的不同看法，通过裁剪变换了主体或视觉中心，使原照片产生了新的立意。

视觉中心即主体	视觉中心是被强调的对比形式	视觉中心是主体的节奏
造型元素的对比	造型元素对比的增强	造型元素对比的重复

◎ 1. 水上游艇 熊思政 摄

　　原照摄于北京密云水上游乐场，晴天侧逆向顶光拍摄。画面为全景，表现了水上游艇的活动场面。原照流于一般性记录和介绍，缺乏特点，画面视觉中心分散。按照裁剪简化的方法，感觉该画面需要进行裁剪，但裁掉什么、留取什么难以确定。经过分析，重新确定主体，调整视觉中心的位置，最终仅留取了游艇驶向水面的一小部分。

　　希望这一小部分的裁剪结果，能够让我们在实际拍摄时对各种主体事物都有所关注。通过裁剪，学会取景。

裁剪照

主体在于选择，
主题在于提炼。

原照

裁剪示意

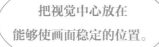

把视觉中心放在
能够使画面稳定的位置。

原照

裁剪照一

裁剪照三

裁剪示意一

裁剪示意二

裁剪示意三

◎ 2.春暖花开时 龚大元 摄

原照摄于北京植物园，侧光拍摄。中远景画面以赏春的人们为视觉中心，地平线居中，力图使树与花上下呼应、背景与前景趋于均衡。但上方树木的节奏感不强，上下失衡。因此，读图后会产生调整视觉中心位置的裁剪思考。

有三种裁剪方式：第一种，适当裁去画面下方的花卉部分，将视觉中心(赏春的人们)下移。裁去个别暗调的树木，以满眼春绿的树林为背景，花卉作为前景，形成以绿树林木为主调的画面结构（裁剪照一）。第二种，裁去上方的林木背景，将视觉中心（赏春的人们）上移，强调前景花卉，形成以花卉节奏为主调的画面结构（裁剪照二）。第三种，为保持视觉中心居中的结构裁去两侧部分，改为方画幅，加强画面的稳定感（裁剪照三）。

这是一幅典型的调整视觉中心位置的裁剪例子。在传统构图中，有避免地平线居中的说法，可以以这幅习作为例。如果地平线居中，那么上、下景物的非对称结构很容易产生失衡感，一旦地平线偏离了中线，视觉的失衡感就会消失。因此，面对地平线的画面安排，经常会出现"取天还是取地"的考虑，就是这个道理。

地平线居中的画面结构，在上下非对称的情况下愈求均衡就愈会失衡，只有上下对比强烈，或者上下对称明显，画面才能够协调。拍摄时这样，裁剪也是这样。

视觉中心的位置并没有定式，关键在于掌握视觉协调的规律。

裁剪照二

◎ 3. 冬湖夕照 王宏煜 摄

　　原照摄于北京颐和园昆明湖畔，深冬傍晚，夕阳西斜，雪封船坞。
原照的天空不仅因明亮而抢夺了观者对画面主景的注意力，而且是多余
的说明性背景，过于直接地交代了夕阳西斜的时空关系，使画面失去了
含蓄的美感。原照构成了两个视觉中心，所以应毫不犹豫地裁剪掉天空，
让湖面那一抹淡淡的余晖成为画面的视觉中心，启发观者的审美感受。

　　背景的表现既可以直接、具体，也可以间接、含蓄，就看我们如何思考、
如何取舍，但画面的视觉中心只能有一个。

明确画面的视觉中心
（或主体），
提升画面的形式意蕴。

裁剪照

原照

不要让画面
承载过多的内容。

裁剪示意一

裁剪照二

裁剪示意二

裁剪照三

裁剪示意三

◎ 4. 滨海余晖 [美] 林原 摄

　　原照呈现了大海、鸟儿、人和谐自然的景象，但视觉中心不够明确。首先应考虑深暗影调产生的视觉影响，因此可以裁去原照左侧的桥梁，然后分析画面的视觉中心，视觉中心有两个：第一，落日是视觉中心；第二，独立的飞鸟有很强的视觉重力，容易被关注，所以飞鸟是视觉中心。因此，有两种裁剪思路，三种不同的裁剪方法。

　　第一种，裁去左侧的桥梁和飞鸟，以落日为视觉中心，改为横画幅（裁剪照一）。第二种，裁去左侧的桥梁和岸边的人，以飞鸟为视觉中心，画面顿显空灵、宽阔，立意发生了明显变化（裁剪照二）。第三种，还是以落日为视觉中心，为了尽可能减少因孤立飞鸟造成的视觉重力影响，裁去了天空，稳定画面构成，保持原照的立意（裁剪照三）。

　　画面立意是内容的核心，视觉中心是形式的核心。视觉中心可以独立分析，但只有与画面立意联系在一起的时候才有实实在在的意义。

裁剪照一

裁剪图一

原照

裁剪示意

视觉中心的位置
决定了画面的立意。

裁剪图二

裁剪照二

裁剪示意

◎ 5. 德国小镇 李晓辉 摄

　　原照摄于德国杜赛尔多夫。画面以欧洲传统小街的石子路面为前景，小街景与石子路几乎上下各占一半。但经过裁剪分析，前景的安排分散了画面的视觉中心，因此有两种裁剪思路：一是保留石子路前景（裁剪照一），二是不要石子路前景（裁剪照二）。

　　从原照看，画面的视觉中心更容易集中到小街线形透视的汇聚点上，因此原照中的前景并没有很好的起到视觉引导作用。第一种裁剪思路是保留前景，裁去小街的上部分建筑，弱化线形透视，增强前景的引导作用；第二种不保留前景的思路是合理的，但裁去前景后，画面结构就变得很普通。显然保留前景的思路比较符合原照的拍摄思路和画面立意。

　　在照片画面中，尽管视觉中心的位置是灵活的，但这个位置决定了画面立意的表述。

裁剪照一

◎ 6.细雨春舟 陆娓 摄

原照摄于北京颐和园，春雨濛濛，利用散射光拍摄。原题为《春舟待归人》，岸边候船的人是画面的视觉中心，但画面结构分散，缺乏明确的呼应关系，立意显得牵强，于是通过裁剪变换了画面主体，保留原照合理的部分。裁剪后，调整了原照平面结构，前景为春柳，原来的陪体游船成为主体，背景是颐和园，更名为《细雨春舟》。

主体变了，立意也变了，但在照片裁剪中，这种改变非常有限，因此要尽量将这种"改变"在拍摄中完成，这就是在拍摄时多看、多想、多拍。

前期拍摄越充分，后期裁剪越合理。

调整主体，
改善画面布局。

裁剪照

◎ 7. 快乐梦境 赵昕宇 摄

　　原照摄于北京香山，顺光拍摄。画面色彩浓郁，捕捉到了喷淋浇洒草地、孩子们充满欢乐的情景。喷淋的水雾给画面增添了透视感，如同梦境般。但原照出现了左右两组主体人物，形成两个相对独立的画面结构，而且缺乏内容之间的呼应和节奏感，因此需要考虑裁剪。裁剪分析时明显感到左侧画面简洁、人物生动，立意也更为明确，因此裁去右侧画面，改为方画幅。

　　当同一个背景中出现多个主体人物时，画面的主体之间要并列呼应，在形式上要有相应的节奏感，否则就需要裁剪处理，强调其中一个主体。

调整主体，
使画面结构更趋简洁。

裁剪照一

◎ 8.天伦 李玮 摄

　　原照摄于北京某公园，两位老人带着小孙女在公园游玩，一位推着车，一位扶着车，边走边与坐在车上的孩子说话，享尽天伦之乐。原照主体明确，布局基本到位，通过裁剪变为方形构图，尽可能去掉了与主题无关的景致与人物，调整了主体的位置，强调了主体。

　　在照片画面中，要让主体成为视觉关注的焦点，就要想方设法把主体安排在最容易被关注的位置。

　　照片画面是否简洁，不是看画面承载景物的多少，而是看能够说明主题的内容是否能从形式上予以减少。画面景物再多，不能裁剪了，便是简洁；画面景物不多，却还能够裁剪，那就是不够简洁。

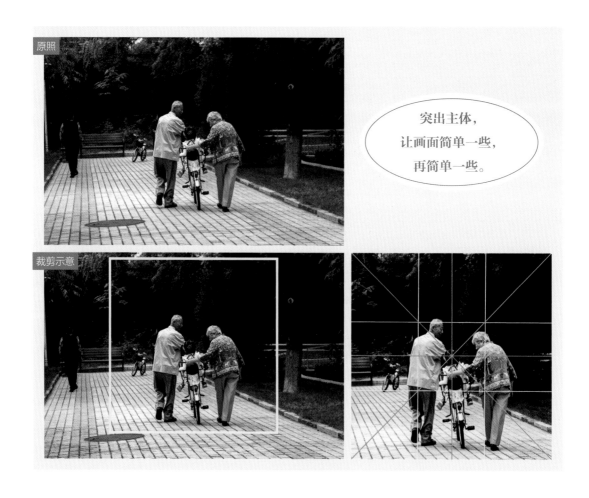

突出主体，
让画面简单一些，
再简单一些。

原照

裁剪示意

裁剪照

◎ 9. 随乐而歌 姜秋菊 摄

　　原照摄于北京紫竹苑公园，晴天薄云，利用散射光拍摄。画面表现了一支正在现场演奏的老年乐队，画面立意明确，但主体并不鲜明，画面缺乏特色，结构普通。在裁剪时却发现在两位萨克斯手的中间有一位小朋友兴致勃勃地随着乐曲歌唱，于是决定调整主体，将"裁剪的镜头"指向这位小朋友，小朋友成了画面主体，两位乐手吹奏的萨克斯管和谱架成了陪体，形成了新的画面构成。

　　在现场往往不十分引人注意的事物，却可以成为更有意味的画面主体。从这个意义上讲，裁剪分析与现场拍摄没有什么不同。

主体变了，
一切随之改变。

裁剪照

二、强调线形走势

　　线形走势是照片画面上线形的整体趋势，也称线形走向。它是景物实际线形及景物的影调、色彩在对比中形成的连续或不连续的线形状态，在视觉上产生的一种连续的线形趋势，是画面布局的重要概念。

　　实际线形与线形走势是两个不同的概念：实际线形是组成景物的具体的个别的线形状态；线形走势却是实际线形之间的变化和相互关系，能够对画面整体的线形状态产生的视觉响应。实际线形是局部的，线形走势是全局的。

　　在实际裁剪时，不仅要分析线形走势，也要分析实际线形，以便在实际线形中发现新的线形走势，引导裁剪的思路。

画面的线形走势示意（右图黄线标示）

◎ 1. 滩头 张秀勤 摄

　　原照摄于赴平壤途中的某河流滩涂，逆光拍摄。天空与地面的反差较大，画面保证了河滩的准确曝光。河水的线形从近到远，向画面左上角汇聚，形成了倾斜向上的线形走势。裁剪时，去掉大面积的天空及画面左侧的深暗坡地，随水流的线形走势保留了主要景物，为横画幅。

　　画面的线形走势决定了裁剪留取的部位，其实也应该是实际拍摄时取景的部位。

让画面的线形走势
统领画面。

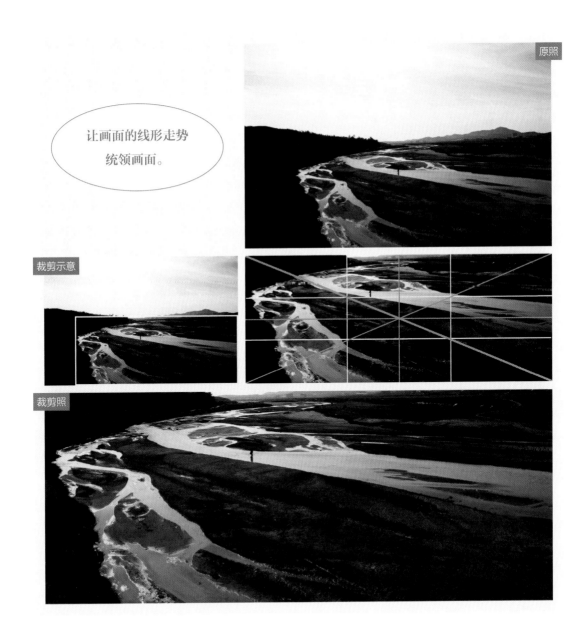

裁剪图一

原照

裁剪示意

画面构图要
把握景物的线形走势。

裁剪图二

裁剪照二

裁剪示意

◎ 2.沙漠作业 张秀勤 摄

　　原照摄于宁夏，侧逆光拍摄。画面采用左右对称式正三角形的布局形式，表现了在沙漠上进行作业的测量人员。虽然天空略有过曝，但视觉中心明确，构图合理。作为画面线形走势的示范性裁剪，我们将天空与沙漠、沙漠与沙漠的影调明暗对比的边线确定为画面的线形走势，整体线形向右上角倾斜，因此有两种裁剪思路：一是少留天空，沿线形走势，以沙漠为主景，保留明亮、中间和深暗三层影调；二是不留天空，沿沙漠的影调对比边线，保留沙漠明、暗两个层次，变为方画幅。裁剪后，天空过曝的问题解决了，线形清晰，影调明快，构图更加简洁。

　　摄影取景的"减法"存在于每个构图环节，确定画面的线形走势也是一种"减法"。

裁剪照一

◎ 3. 雪景习作之一　古林涛 摄

　　原照摄于北京玉渊潭公园，雪后初晴。画面为公园雪景，湖面被冰雪覆盖，沿岸融化的冰雪在湖边形成一道弯曲的线形，这是原照的主要景物。但画面在取景时没有继续深入提炼，布局显得普通。裁剪分析时，确定融雪湖面的曲线为画面的线形走势，并且还看到了画面左下方的湖水中有沿岸树林的倒影。作为实际线形的节奏与线形走势交叠，影调变化，极富动感，于是确定了最终的裁剪线。

主导景物的线形
走势是画面的视觉中心。

裁剪照

◎ 4. 雪景习作之二 古林涛 摄

　　原照与上一幅习作同摄于北京玉渊潭公园。裁剪分析时，将湖面与冰面的交界线视为画面的线形走势，于是裁去背景上的天空与建筑，保留远景中的树林与近景的树木相呼应，形成了十分简洁的画面。不难看出，依照线形走势的裁剪结果与"简化背景"的裁剪结果是完全一致的，但线形走势的裁剪分析更为准确。

　　画面线形走势的准确分析和判断，不仅是照片裁剪"从简"的捷径，也是摄影取景"从简"的捷径。

画面对景物线形走势的
安排，要集中，不要分散。

裁剪照

裁剪图一

原照

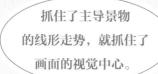
抓住了主导景物的线形走势，就抓住了画面的视觉中心。

裁剪示意

裁剪图二

裁剪照二

裁剪示意

◎ 5.白雪覆盖的牧场 [美]林纾 摄

原照摄于美国亚利桑那州，冬天雪后，利用散射光拍摄。画面的线形走势清晰，视觉中心明确，但由于太阳同处在画面中，位置安排偏高，使视觉中心时有偏移。因此，首先应该裁去天空部分，使视觉能够集中到画面的线形走势上来。

有两种裁剪方法：第一种，裁去天空后，视觉中心在线形的汇聚方向，沿线形走势裁剪成超长画幅，近景的林木与线形汇聚方向的重力使画面保持了均衡（裁剪照一）；第二种，裁去天空后，再裁去画面左侧的树木，使画面更为简洁（裁剪照二）。

地面的线形走势越明确，天空景物（太阳、月亮、云彩）的安排越要慎重。

裁剪照一

◎ 6. 落日归舟 王贞君 摄

　　原照摄于山东青岛海滨，傍晚日落，逆光拍摄，全景画面。渔船是画面影调对比的焦点，成为视觉中心，云霞的线形走势与海面的渔船相呼应，画面结构合理。分析画面的线形走势，我们会发现画面有向左偏斜的视觉倾向，这是由于云彩的线形走势没有在布局中加以强调造成的，幸好画面右下角的深色影调使原照在一定程度上保持了均衡。因此，可以通过裁剪强调线形走势，使画面布局更加完美。

　　画面的线形走势总是在一定的方向上显示出视觉重力，影响画面的均衡。因此，无论是拍摄取景还是照片裁剪，都要注意把线形走势作为画面布局的重心。

景物的线形
走势决定画面布局。

原照

裁剪示意

裁剪照

◎ 7. 松鼠 周星辰 摄

　　原照摄于北京某公园，侧光拍摄。拍摄者捕捉了小松鼠前来窥食的
瞬间，主体松鼠位置大致居中，因为松鼠窥视的方向性使画面整体向左
侧倾斜，分析主体的线形走势，可以裁为方形构图，把主体安排在裁剪
画面的右下方三分之一处，使画面达到均衡，同时使背景得到简化。

　　景物的线形走势决定了摄影画面的布局，拍摄取景是这样，照片裁
剪也是这样。

根据景物的线形走势，
调整画面布局。

裁剪照

◎ 8. 花似流水 乔玉成 摄

　　原照摄于北京植物园，晴天顺光拍摄。画面色彩鲜艳饱和，拍摄者对线形走势有了理解和一定的把握，问题在于画面线形走势的安排到什么程度才最为合理。这是一幅以前景作为主体的画面，主体本身就以一种线形走势控制了画面，所以画面左侧的空隙必须裁去，而背景裁剪的幅度是有一定余地的，关键是对天空的取舍，可大可小。但因画面背景上的人物对比给画面裁剪提供的条件，所以可以不保留天空（裁剪照一）。

　　线形走势既是照片画面的一种形式秩序，又是一种形式控制方式，它的出现如同交通要道的红绿灯，使繁忙的车辆能够有序地行驶。

景物的线形走势越集中，画面结构越明确。

裁剪照一

◎ 9.节日北海 王贞君 摄

　　原照摄于北京北海公园，晴天侧光拍摄。画面视觉中心明确，线形走势清晰，富有节奏，结构合理。因此，后期裁剪只需在画面中进一步集中主导线形，使线条汇聚点的视觉重力与整个画面保持均衡。因此，可以裁去画面右侧的一部分，使原照变为方画幅，保持画面中有节奏的实际线形，在视觉运动中产生稳定感。

　　判断线形走势是为了更好地利用主导线形，有效控制画面中造型元素的对比或节奏。

利用景物的主导线形，控制画面的形式语言。

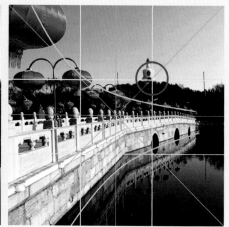

裁剪照

名人佳作的裁剪分析（五）

　　陈雷生是我国著名的体育摄影家，至今保持着我国登山最高、潜水最深的体育摄影纪录。这幅作品拍摄于20世纪60年代，拍摄者选择了侧逆光角度，采用追随方法，烘托了滑雪运动员疾驰而下的瞬间。拍摄者通过裁剪，使画面的雪地线形呈倾斜走势，从而加强了视觉动感。裁剪后的画面没有了天空、远山的视觉干扰，构成了左上和右下的明暗呼应，画面影调简洁，主体突出。

　　拍摄技术资料：双镜头反光相机，21定胶卷，f/5.6，1/125s，加橘黄色滤光镜。

风驰电掣　陈雷生摄

名人佳作的裁剪分析（六）

  陈福北是我国著名的摄影家、优秀的新闻摄影记者。《补网》是他20 世纪 50 年代末的作品。从原作的裁剪分析，他刻意对原作进行了略微倾斜的处理，从而强调了渔网在整个画面中的线形结构，突出了弯曲的线形走势，也使画面布局中渔网和人物的呼应关系更加明确。在侧光中，主体造型的立体感得到了充分表现，面向明亮的天空，拍摄者利用了自然光效产生的高调效果，使画面清新而明快。

  拍摄技术资料：双镜头反光相机，21 定黑白胶卷，f/11，1/50s，加中黄滤镜。

补网　陈福北 摄

名人佳作的裁剪分析（七）

晓庄，原名庄冬莺，我国著名女摄影家，1996年荣获中国摄影家协会"荣誉杯"。《踏碎银波》摄于1962年春，据资料记载，这是拍摄者悄悄靠近湖边的鹅群，准备好相机，然后一踏脚，在鹅群惊飞而起的瞬间拍摄的。从原照的裁剪线可以看出，拍摄者对成片的线形走势做了精心调整，深色影调在画面中构成了明显的"S"形线形走势，使画面更显灵动，极富美感。逆光加强了湖水的质感，整体画面近暗远亮，呈现出强烈的影调透视效果。

拍摄技术资料：双镜头反光相机，21定黑白胶卷，f/11，1/125s。

踏碎银波　晓庄 摄

名人佳作的裁剪分析（八）

　　孙毅夫是我国著名的摄影家、画报记者。这幅作品摄于20世纪60年代，拍摄者选择了特别的拍摄位置，以白布生产设备为前景，处理了别致的平面结构。从原片的裁剪来看，裁剪线框严谨到位，可见拍摄时拍摄者对后期的画面裁剪有充分的准备，所以在拍摄时他就把握了白布生产线在画面中的折线走势，近大远小，呈现出明显的线形透视效果。画面在有序的线形节奏中向中心对角展开，极具韵律。

　　拍摄技术资料：双镜头反光相机，21定胶卷，f/5.6，1/2s。

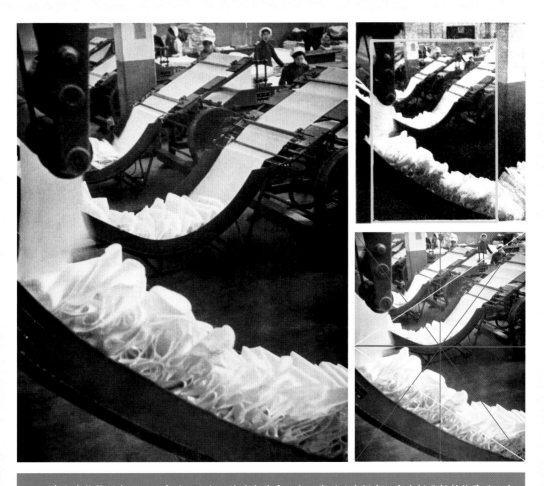

　　在九宫格构图中，可以看到画面上下的呼应关系，上下线形从左侧中心向右侧呈辐射状展开，右上角的纺织工人与白布生产线形成了大小线形的强烈对比，增强了画面的视觉张力。

生产白布　孙毅夫 摄

第四节　裁出精彩，裁出新意

所谓的裁出精彩、裁出新意，是照片中已经具备了可供二次提炼的平面形象和构成要素，或是拍摄者事先已经发现的，或是拍摄者事先未曾发现的，但必须是已经被拍摄记录和存在的。如果没有可供裁剪的平面构图条件，那么精彩和新意是裁不出来的。

裁出精彩、裁出新意是对拍摄时已经发现并选择的平面构图的进一步到位；或对拍摄时没有发现的平面构图进行调整，加以改善和强化。

因此，凡是精彩的平面视像都是出自立体视觉的发现和选择。可以说，真正的精彩是拍出来的，而不是裁出来的。初学者容易把相机对准感兴趣的内容，却不知摄影所要拍摄的只是你所感兴趣的内容中的一个"形式"而已。照片裁剪的学习将使拍摄者真正懂得能够表达一个内容的形式有很多，但最好的往往只有一个。

通过裁剪思维学习裁剪，根本是为了学习平面布局，提高拍摄取景的瞬间判断能力。本节我们集中一些有特点的裁剪实例，结合前面的分解实例，以期对裁剪思维的综合运用和规律做进一步的理解。

裁剪思维的综合运用涉及对"构图与构成"概念的重新认识。简言之，构图与构成是两个既有联系又有区别的概念，构图是画面的整体布局，而构成是画面的主体形式。在上述不少例子中我们可看出，构图即便合理，构成不足的画面仍然难成好照片。构图是一种画面均衡感的表达，而构成却是拍摄者主观选择性的眼光。切不要把构图和构成混为一谈。

下面列举 19 张照片的裁剪，以期对上述谈到的裁剪方法做一个小结。

裁剪实例图示

◎ 1. 海滨 赵新国 摄

　　原照摄于青岛海滨，顺光拍摄，色彩表现充分，构成相对简洁。但远处的天空却显得多余，裁去天空，背景色彩更单纯。画面保留了一望无际的大海，强调了拍摄意图。

原照

裁剪示意

裁剪照

简化背景，突出主体。

◎ 2.翱翔 赵新国 摄

原照摄于北京玉渊潭公园，拍摄者已经发现并捕捉了北京电视塔上方双鹰展翅的瞬间，这个瞬间已经确定了双鹰与电视塔的"倒三角"构成关系——主、陪体之间的对称式呼应。但是，从原照的画面布局来分析，拍摄者是把电视塔作为主体、双鹰作为陪体来表现的，因此画面偏重的是"电视塔"的完整构成，画面中为了求全电视塔而不得不保留不协调的地平线。当我们将双鹰作为主体、电视塔作为陪体进行思考的时候，画面的主体构成会发生明显的变化，这时候我们就不必求全"电视塔"，于是就有了以双鹰为主体、与电视塔顶形成的"倒三角"构成关系，对页图展示的就是被裁剪后的画面，画面形式被简化了。

画面形式的简化，是对主体重新认识的结果。在裁剪思考中，这个"重新认识"是画面中主体构成的条件决定的。由于主体构成条件的存在，才使我们有了后期调整主、陪体关系的可能。

重视主体构成，
让形式引导视觉。

裁剪照

裁剪图一

裁剪图二

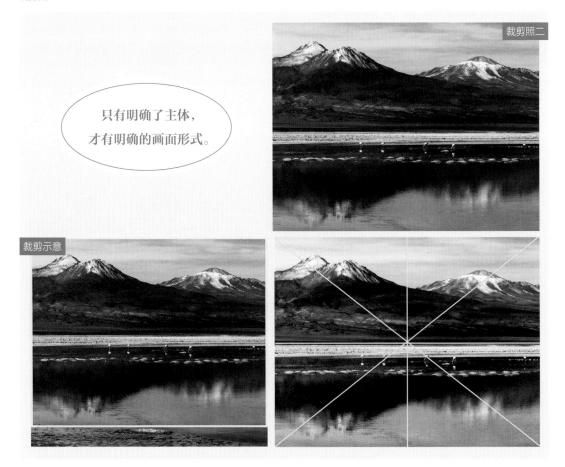

只有明确了主体，
才有明确的画面形式。

◎ 3.湖边 苏英 摄

原照摄于南美洲智利境内，我们可以对画面做两种描述：一种是"雪山下的湖边有几只白鹭"，另一种是"几只白鹭在雪山下的湖边"。两种描述的主语不同，就如同这张照片，是把"雪山下的湖"作为主体，还是把"几只白鹭"作为主体？很明显，画面中对景物主、陪体的表述是含糊的，观者看到的是"雪山""湖面"和"白鹭"，而其中的"雪山"最为突出。但试分析拍摄者将照片命名为《湖边》，可知拍摄者的本意是表现湖边的白鹭，然而画面本身并没有突出白鹭。

裁剪思路同样有两种：一种是白鹭为主体、湖面为陪体，应该说这个裁剪接近拍摄者拍摄《湖边》的意图；第二种是雪山为主体、湖边的白鹭为陪体，应该命名为《智利雪山》。

在第一种裁剪思路中，我们裁去了雪山，在白鹭与湖面的对比中突出了白鹭；而雪山在湖中的倒影依稀可辨，间接表述了湖水周边的环境，增添了画外之意，提升了画面的美感。

在拍摄中，尽管对景物主体的认识是第一位的，但仅仅明确了主体还不够，还必须找到表述主体的特定形式。没有表述主体的形式，或者表述形式含糊，都会影响拍摄的结果。

裁剪照一

◎ 4. 雪屋 李成宽 摄

　　原照摄于黑龙江省海林市长汀雪乡。照片中红灯笼、山门立柱和雪屋的窗户都不同程度地引起观者的视觉注意。也就是说，画面有数个视觉中心在分散观者的注意力。裁剪时，首先要确定一个视觉中心，按照《雪屋》的画面立意，我们确定"窗户"为画面的视觉中心，裁去干扰视觉的背景和左右陪体，画面在木色（木屋、围栏）和白色（白雪）的色彩结构中强调了一个视觉中心——农家"窗户"。裁剪后的画面色彩单纯，构图简洁，突出了雪乡农家的特征。

　　只有让画面中的景物围绕一个视觉中心，才能够找到最简洁的形象语言。

画面构图的"减法"要从判断并集中一个视觉中心做起。

裁剪照

◎ 5. 沐浴 杜卫平 摄

　　原照摄于澳大利亚海滨，应该是一幅不错的旅游风光习作。夕阳的霞色无疑是拍摄者关注的重点，而事实上对摄影取景来说，重点不是霞色，而是要找到霞色中的"视觉中心"。分析原照，其实作者发现了视觉中心并安排在画面三分法的一侧位置，所以画面整体构图是可行的。实际上视觉中心还是有些分散，天空霞光云色、海面帆船点点，都无一舍弃地保留在画面中，因此感觉平平。于是决定强调视觉中心，采用对称式构图，将视觉中心置于画面中心。裁剪后的画面主体突出，简洁凝练，色调上下呼应，视觉更加集中。

抓住了视觉中心，便抓住了精彩。

原照

裁剪示意

裁剪照

○ **6. 山背的晚餐 杨海波 摄**

　　原照摄于湖南省怀化市溆浦县，是《山背的晚餐》组照中的一幅。记述了端午节前夕热情好客的溆浦山背人泡红椒、敬美酒、夜宴八方摄友高朋的情景。这张照片正是抓住了相互大碗敬酒的一瞬间。大碗敬酒的场面让坐在一旁的一位年轻人十分诧异，原照直白地表现了敬酒的人们，并没有顾及这位年轻人，但年轻人吃惊又无奈的眼神被抓取了。于是裁剪时决定改变原照的平面结构，将这位年轻人的眼神作为画面的主体，手持大碗敬酒的人们成为画面的前景，完全打破了敬酒人物的确定性，使"大碗敬酒"的场面有了更广泛的涵盖力和普遍性。

　　任何景别的摄影画面都是不完整的，如何在相对"不完整"的画面中表达更深刻、更完整的意义，需要具有摄影的眼光，这也是裁剪思维的落脚点。

在"不完整"中，
表达更深刻、
更具普遍性的含义。

裁剪照

◎ 7. 胡同游 潘春 摄

原照摄于北京什刹海，天气晴朗，顺光拍摄。画面结构基本清晰，主体为一辆三轮车，陪体为车上的外国游人，背景为胡同里的三轮车队。存在的问题是主、陪体关系含糊。裁剪时调整主体，将车上的外国游客变为主体，三轮车为陪体，裁去了大部分背景，仅保留了三轮车与车夫的局部。

裁剪后的画面突出了外国朋友，强调了北京胡同游的特色——坐三轮车。

裁剪分析从主题切入，重新分析了主、陪体的关系，调整主体，强调特色，也使画面简洁了，画面结构得到了改善。

相对视觉来说，照片画面总是不完整的。在取景拍摄时面面俱到也不一定能把主题表达清楚，摄影的要义就在于让照片画面在"不完整"中体现完整的含义。只有画内匠心独运，自有画外余音缭绕。

看似"完整"的画面，
反而失去了完整的意义。

裁剪照

◎ 8.晨 马正和 摄

　　原照摄于北京中国人民大学科技园楼，清晨的一束阳光投射在大楼的玻璃墙面上，形成了画面的视觉中心。清晨高色温的环境（大面积的蓝色）与低色温的玻璃墙面（小块的红色）构成了色彩和大小、形状的对比，拍摄者发现并选择了这座大楼的蓝色基调和红蓝色块的对比状态，是一幅很好的色温习作。在裁剪思考中，我们首先应该裁去周围较为明亮的天空，让观者的视觉能够进一步集中到画面的视觉中心上来。同时，裁剪时应该裁去中国人民大学科技园楼的字样，以打破这座大楼的确定性，使画面保持纯粹的形式结构——蓝色基调、色彩的对比、窗框的节奏、阳光投射的玻璃墙面与前景树影的呼应关系，以提升画面意境。

画面形式越单纯，
视觉力度越强烈。

裁剪照

◎ 9.颐和秋色 曹珏 摄

　　原照摄于北京颐和园，当分析画面结构时，我们发现原照的平面结构是这样的：万寿山为背景，湖边为前景，秋叶残荷为主景。画面构图看似完整，但视觉中心分散，缺乏主体，整体形式感不足。主要问题是画面所表述的内容过多，于是我们把画面拆开分析，大体可以分为左、右两部分，右侧景物缺少视觉中心，可以放弃；左侧景物有两个视觉中心，试将椅子作为主体、万寿山为背景，但主体构成不足，画面立意含糊。当把视觉中心落到远处的佛香阁，画面就有了裁剪的可能。

　　如果在现场什么都不想舍弃，结果可能什么都丢失了。

　　摄影是一门选择的艺术，既要重视"构图"，又要重视"构成"，构图是基本训练，构成是独到眼光。

原照

构图易学，构成难求。

裁剪示意

裁剪照

◎ 10. 剪纸坊 行水 摄

　　原照摄于河北蔚县剪纸作坊，室内自然光拍摄，画面以展柜上的剪纸作品为前景，在剪纸展柜的镜子里能够看到作坊的剪纸工人正在伏案工作。画面右边能够看到镜子里的拍摄者，于是裁去画面右侧，改成方形画幅。前景的剪纸展品呈红、黑两色交叉分布，使前景的变化非常适合方形构图。

　　很多情况下的后期裁剪都带有一定的盲目性，要让摄影的后期裁剪变得从容。只有让后期的裁剪在拍摄时就有所考虑、有所准备，"裁剪"才能真正称得上是摄影的必要步骤。

要让后期的裁剪在事前
拍摄中就有所准备。

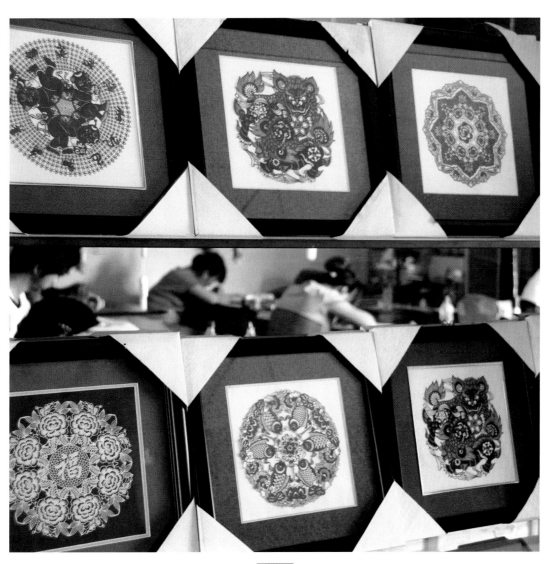

裁剪照

◎ 11. 冬 周志华 摄

　　原照摄于北京北海公园，雪天散射光拍摄，画面拍摄了人们坐着雪地赛车在覆盖着冰雪的湖面上游玩的情景。画面的结构很明确，冰雪前景、人物主景及具体背景，说明了地点、季节和主体的活动，但这只是一张此时此地的一般性记录照片。

　　最终完全裁去背景，保留冰雪前景和雪地赛车主景，适当加大画面的对比度。于是具体的地点被打破了，可以是任何地方的冬天，没有了地域限制，简洁的画面构图反而使画面有了更大的涵盖力，也增加了读者的想象力。

　　在实际拍摄时，要明确自己为什么拍，是为记录什么，还是要感受什么。要记录什么，那么画面的平面结构要尽可能完整；如果要感受什么，那么画面的平面结构就无需完整，越完整、越具体，感受力越弱。

　　没有了明确的地点，反而使画面能够涵盖更大的景物范围，画面被打破确定性之后，激发了读者的想象力，也因此提升了画面感受力。

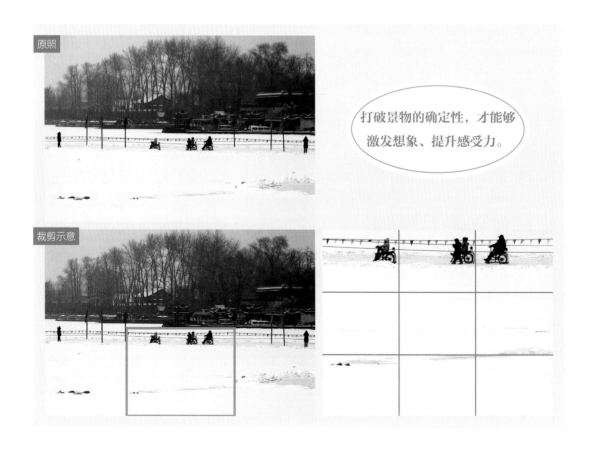

原照

裁剪示意

打破景物的确定性，才能够
激发想象、提升感受力。

裁剪照

◎ 12. 秋的气息 安惠君 摄

　　原照摄于北京三里河钓鱼台的银杏大道，每到秋天，人们竞相在这里留影。原照抓住了年轻人在金色的银杏树下感受秋的气息，抓住了一种情绪的微妙瞬间，画面采用小景深虚化了主体周围的人物，但仍然没有能够在画面中表现出感受秋天气息的宁静气氛。于是对原照画面做了裁剪，打破构图三分法则，突出主体人物与银杏树背景，裁去无关的景物，哪怕是虚像，让画面整体安静下来，感受秋天的气息。

　　画面主题不只是主体的表现，更是拍摄者的感受，是拍摄者与情景的对话。既然感受到了，就大胆舍弃与自己感受无关的景物。一幅好的构图就是让你自己的感受能够得到充分的表达。

让构图为主题服务，不要让构图束缚了画面的想象力。

裁剪照

◎ 13. 攀 桂祖琲 摄

　　原照摄于宁夏沙漠景点，是在顺侧光条件下拍摄的攀沙活动。画面以蓝天为背景，将参加攀沙活动的驼队安排为前景，攀沙人物为主景，照片的平面结构完整。通过裁剪，裁去前景和部分背景，进一步强调主景，增强立意。

　　有前景与没有前景，对这张照片有着两种不尽相同的主题立意，有前景的画面强调的是一项集体活动；而简化了前景的画面，集体活动的概念被淡化了，画面通过简约的线形结构，强调人们攀沙登顶的瞬间感受。

　　让简约的形式提升画面美感，增进画面意境。因此，提炼简约的线形结构是裁剪的思路，更应该是拍摄的思路。

提炼简约的线形结构
就是提炼美。

裁剪照

裁剪图一

原照

裁剪示意

裁剪图二

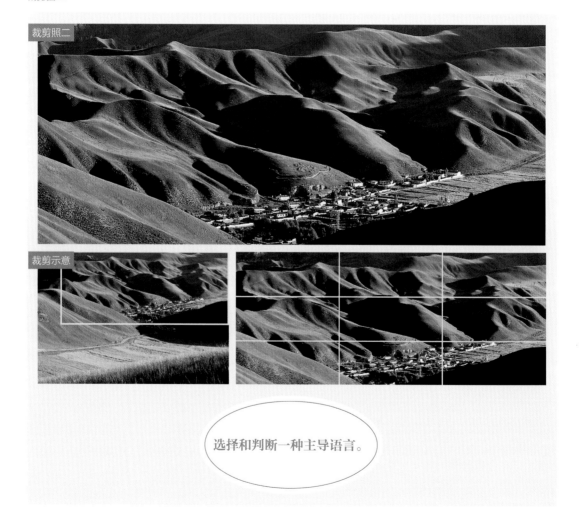

裁剪照二

裁剪示意

选择和判断一种主导语言。

◎ 14. 祁连山下 梁井堂 摄

　　原照摄于甘肃，侧光下远山呈现出光影的散序节奏，与山下村落构成了大小对比。该片的问题在前景，一是空旷显得松散，二是明亮部分妨碍视线，三是线形走势不明确。因此建议裁掉前景，按照摄影的形式语言，利用背景的节奏感与主体村落的对比，使画面变得紧凑。让画面的阴影部分作为前景，加强近暗远亮的透视感。

　　第一种裁剪强调了背景与村落的大小对比，而第二种裁剪则强调了背景的散序节奏。

　　应用摄影形式语言的关键是选择和判断一种主导语言，拍摄是这样，裁剪也是这样。都突出了、都强调了就等于没有突出、没有强调。

裁剪照一

◎ 15. 婺源秋色 李玮 摄

　　原照摄于江西婺源。清晨的侧逆光充分表现了画面的影调结构、近景线形和色彩，近暗远亮的影调透视鲜明。裁剪去掉了照片左侧树木浓重的前景，使画面简洁，主体突出，更富有画意。

　　裁剪必是减法，拍摄更要用好减法。摄影一要"减"，二要"简"。"减"是手段，"简"是目的。前期不"减"，后期就得"剪"。拍时认真"减"，后期避免"剪"。

摒弃视觉的繁复，
在简洁中提炼美感。

裁剪照

◎ 16. 喀纳斯之秋 王贞君 摄

原照摄于新疆，侧逆光条件下的景物呈现出强烈的影调透视，画面色彩层次鲜明，线形走势明确，呼应合理。但我们知道，传统中国画讲究"开合"，即起、承、转、合。其中，起笔一般不放在画幅四角或之间，以免呆板。而画面中左下角的草垛，如同不当的"起笔"堵塞了画面一角，于是通过裁剪去掉了左下角的草垛及前景人物，画面顿现灵动。

本书例子，如《婺源秋色》、《海滨》和《喀纳斯之秋》，在构图上看似都没有太大的毛病，但是前景、背景都还不够简洁、单纯，实际上是主导语言的判断还不完全到位。虽然《海滨》和《喀纳斯之秋》裁剪的并不多，但是去掉一点就突出了一点（《海滨》），去掉了一点就完善了一片（《喀纳斯之秋》）。

很多照片的构图问题往往都是前景杂了一点、背景多了一点，但这么一点就会影响主体表现，影响整体画面。摄影构图讲究"从有到精"，就是要锻炼"多一点不能，少一点不行"的眼光。这也是一种摄影精神，一种一丝不苟的精神。

要让画面结构经得起推敲。

裁剪照

◎ 17. 妈妈的怀抱 梁其勇 摄

　　原片摄于广西壮族自治区黑叶猴保护区内，拍摄者观察到了刚出生
1个月的黑叶猴幼猴。原片由母黑叶猴怀抱幼猴，由于黑叶猴母子并没有
情绪之间的交流和呼应，于是画面出现了两个视觉中心——母猴和幼猴，
使观者在无形中产生了视觉飘移，母猴守候的神情和睡眠中安逸的幼猴
都能引起人们的注意。事实上，画面直白地再现已经分散了观者的注意力。

　　因此，我们对原片做了较大幅度的裁剪，裁剪思路就是保持一个视
觉中心，加强对比的单一性。裁剪后的画面以幼猴为主体，保留了母猴
的局部体态，将原名《黑叶猴一家》更名《妈妈的怀抱》。母猴形象被
置于画外，但观者仍然能够从幼猴熟睡的瞬间想象到母猴的关怀。

　　该片在中国财政摄影家协会第二届摄影作品展荣获艺术类铜质收藏
作品奖。

　　摄影对主题的把握讲究"开口要小"，要以小见大。实际上，对于
每幅作品的拍摄都应该体现"以小见大"，这个"小"是一种深入的观察，
是一种深入的思考。只有深入了，才能够使摄影画面更具有想象力。

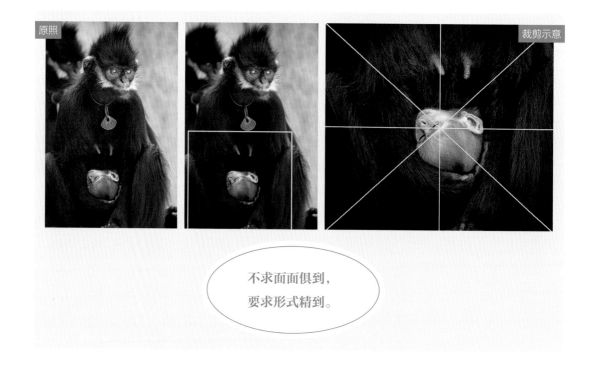

不求面面俱到，
要求形式精到。

裁剪照

抓住画面形式的主导语言，
保持形式语言的单一性。

◎ 18.粉丝飞扬 朱亚云 摄

　　该片摄于河南商丘，拍摄者采用仰视的角度抓取了粉丝晾晒后人工起杆的瞬间。原照的全景人物使画面的对比元素繁杂，结构显得松散。于是后期裁剪时确定了人物与粉丝在线形大小对比中的色彩对比和影调对比关系，裁去与之无关的对比元素，使裁剪后的画面形式趋于单一。形式语言的单一性给画面增添了美感。

　　该片在中国财政摄影家协会第二届摄影作品展中荣获记录类铜质收藏作品奖。

　　拍摄是一种提炼，裁剪也是一种提炼，强调主导语言的应用是提炼的方法。在裁剪中，调整景别、强调一种对比或一种节奏、保持画面的均衡感是常用的方法。但在人眼视觉中，任何一种形式语言都是综合的，有线形、有色彩，还有影调。因此，要选择影响画面布局的主导语言，牵住画面形式的主线，力求单一、力求简洁。裁剪是这样，拍摄也是这样。

　　读到这里，您可能感到了裁剪的重要，但不知您是否感到裁剪有多么可惜，每一张尚可看、可读的照片都是从上千万像素中取出来的，留下的不过百万像素。其中一些可以成为作品的照片，大多数因为裁剪后的画质受损而受到很大影响。如果我们在拍摄时就多用点心，是否可以获得画面和画质俱佳的好照片呢，回答是肯定的。这需要我们从两个方面做起：一是锻炼摄影的眼光，二是用好手中的相机。二者必须相辅。有好相机，没有好眼光不行；有好眼光，没有顺手的相机也不行。

裁剪照

◎ 19. 看街头魔术 赵新国 摄

　　原照摄于北京某公园，画面表现了人们围观街头魔术表演的情景。大概是出于多种原因，如相机的镜头焦距、拍摄位置、现场状况等局限，拍摄者没有再能够找到更合适的拍摄位置，后期从照片中截取了很小一部分画面。裁剪的部分是以民间魔术师和魔术圈为前景、观众为主景的画面。照片抓住了主体观众的瞬间情绪，给照片裁剪留下了一点余地。

　　在裁剪这张照片时，我们能够真正感觉到事前的拍摄准备工作有多么重要。如果这张照片的拍摄者使用备有中长焦镜头的单反相机，或者使用一台"大变焦"相机拍摄，也足以应对这类场面。

　　在今天，数字照相机技术功能日臻完善，横竖画幅比例随手可调，完全改变了过去画幅格式固定的胶片模式；变焦镜头的变焦范围扩大到了难以想象的地步，品质不断提高，使景别的处理已经到了招之即来的地步，只要想到就能做到。因此，通过摄影理论学习和刻苦实践，除了特殊的拍摄题材和条件，通常情况下直接取景，准确构图，一步到位，远离裁剪，势必成为日后摄影学习的目标和方向。

　　"工欲善其事，必先利其器。"专业有专业的利器，业余有业余的利器，善用手中的相机，要努力拍出精彩，不要把"精彩"留给裁剪。

原照

裁剪示意

裁剪照

拍出精彩，
不要给裁剪留下遗憾。

名人佳作的裁剪分析（九）

　　《浴牛图》是我国著名的老一辈摄影家、摄影艺术大师吴印咸的作品。这幅作品摄于1962年10月，距今半个多世纪。作品用35毫米小型相机直接取景拍摄而成，没有经过后期裁剪。画面中的水牛与水面上下呼应，远处的水牛被安排在贴近照片上方的边缘，与大面积的水面构成对比，将画面的形式语言发挥到了极致。作品的表现形式和光影技巧依然是当今摄影人学习摄影构图的典范。

　　拍摄者以电影画面的处理方法（不能裁剪）认真对待照片的拍摄，使裁剪失去了必然的意义。摄影前辈不仅为我们留下了摄影精品，而且为我们留下了严谨的摄影态度和精益求精的摄影精神。精品出自人品，他们的作品和精神都为后人树立了榜样。

　　拍摄技术资料：35毫米小型相机，19定胶卷，f/11，1/125s。

浴牛图　吴印咸摄

后 记

　　还是在电影学院上学的时候，在一次构图课上，夏同生老师介绍了他的一幅入选国际影展的作品《冬猎》，竖画幅，画面上方是大面积的白雪，下方沿边是草丛、狩猎人的脚印，对比强烈，布局独到，极富视觉张力，印象至深。夏老师说，这幅作品是蒋少武老师从他准备放弃的底片堆中拣出来并裁剪出来的。"裁出来的？！"全班同学都十分惊讶。从此，我有了对"裁剪"的特殊认识。当时我在笔记上有这样一段话："裁剪有眼力，取景必定有眼力，要像老师那样学会'看照片、裁照片、拍照片'。"这已经是40年以前的事情了。

　　很明显，电影取景不能裁剪，可见裁剪并不是平面影像创作的必然手段。但通过裁剪学构图却是学习摄影的有效方法，也是特殊而又重要的方法。刚从学校毕业不久，我就曾在山西兴县文化馆组织摄影培训班，当时就想找一本有关照片裁剪方面的书，想通过这样的书教大家学习摄影构图，觉得这样教可能更直观、更有成效，但一直没有找到这类摄影书。在20世纪80年代的摄影教学和培训中，我还是努力采用习作点评、裁剪的方法教构图，效果十分明显。于是开始摄影实用理论的研究，以期补上摄影理论的短板，能够说出个所以然——"为什么这样拍就好，那样拍就不好"。尽管在有些情况下，照片结构的好坏是"仁者见仁，智者见智"的问题，但我坚信照相平面结构具有一定的视觉规律，只有掌握它，才能超越它。

　　80年代中期，我因参与会计教学电视片的拍摄，而从事了会计远程教育工作，一干就是20多年。时光荏苒，不觉就到了自己退休的年龄，我决意"重操旧业"，在院校和部委的老年大学里教摄影。在成人摄影教学实践中，我觉得通过裁剪学构图是摄影教学特有的方法，经过学习原理、拍摄实践、裁剪点评、再实践，会有明显提高。又是5年过去了，时间和需求让我决心自己写"照片裁剪"，还要坚持"通过裁剪学构图，今天学裁剪是为了明天不裁剪"的观点，以期还自己30余年前的这份心愿。

　　在成书之际，由衷感谢水利部老年大学、中国核工业集团公司老干部摄影班和财政部摄影协会、财政部老干部摄影班及中国信息大学；感谢热爱摄影的同学、同事和朋友们，连续多年的摄影学习、孜孜不倦的实践，为本书的撰写提供了大量的原创图片，大部分是同学们在摄影学习最初3年间的造型训练习作，也是我6年来坚持"习作点评"教学的积累。这本书里每一幅不尽完善的"问题习作"都渗透了同学们辛劳的汗水，这些作品是他们追求美好事物的心像观照、向往艺术不断完善自我的心灵驿站，也是这本书的基石。

　　还要感谢我的老师们，在我的摄影实用理论研究过程中给予的帮助和支持，特别是顾棣老师、张益福老师，还有已故的蒋齐生老师，他们都给过我悉心的指导和鼓励。顾棣老师是沙飞的学生，最早是他拿着70年代在山西临县下乡时拍摄的雪地梯田照片教我用光，让我迄今难忘。在我总结摄影造型原理框架的时候，张益福老师来信指出摄影造型元素中的线条不同于美术中的概念，应该包括形状。此后，在这个原理框架中有了"线形"的概念。"理论要解决实际问题，不要玄，要有用。"蒋老在我离开摄影工作后还一直关心、支持和鼓励我的摄影理论研究，这句话让我永远铭记。因此，有时下决心写点东西总是带着那么一份难以割舍的心结——感恩和回报。

　　这本书的初稿是我在2013年去美国探亲的半年时间里完成的，当地亚利桑那州亚裔摄影协会（AZAPC）的几位摄影朋友也热情地提供了他们的作品，充实了本书中的示范性裁剪例子，在这里向他们表示真挚的谢意。

　　还有我的朋友——美国语言学教授劳拉（Rola Collino），在我上次即将回国的时候，她专门托付华裔摄影家黄一帆先生送我一本安德里亚·G.斯蒂尔曼（Andrea G. Stillman）著的《看安塞尔·亚当斯——照片和人》（*Looking at Ansel Adams: The Photographs and the Man*），我看到了亚当斯的名作《月亮和半圆山》（*Moon and Half Dome*）当时的裁剪图，又一次

月亮和半圆山 安塞尔·亚当斯（1960）
月亮和半圆山的原底和裁剪线

感到大师对照片处理一丝不苟的精神。我迫不及待地把它放在这里与读者共享，并向原书作者安德里亚表示感谢和敬意。

还要感谢中国摄影出版社对书稿提出的改进意见，促使我下决心在裁剪案例中增加了"名人佳作的裁剪分析"，使本书的内容更加丰富、更加全面。在这里，特向提供这些作品的老一辈摄影家和摄影同仁表示由衷的感谢。

今天，我们已经踏入了"全民摄影"时代，这是一个数字影像空前发展和繁荣的时代，为大众学习摄影提供了便利的条件，为数字图像的海量传输、应用和存储提供了条件。说实话，写这本书的最大困难是对同学们的习作资料进行分类、整理、筛选与后期处理，如书中有不妥之处，恳望大家指正。

每次成书时都有很多的话想告诉大家，写于此是为后记。

丁允衍

2013年4月20日初稿于北京

2014年12月3日修改于美国亚利桑那州凤凰城

2015年9月完稿于北京

图书在版编目（CIP）数据

裁出佳片：摄影视觉训练 / 丁允衍著． -- 北京：
中国摄影出版社，2016.7
　ISBN 978-7-5179-0461-8

　Ⅰ．①裁… Ⅱ．①丁… Ⅲ．①剪辑照片 Ⅳ．
① TB886

　中国版本图书馆 CIP 数据核字 (2016) 第 126763 号

裁出佳片：摄影视觉训练

作　　者：丁允衍

出 品 人：赵迎新

策划编辑：李　森

责任编辑：盛　夏

装帧设计：胡佳南

出　　版：中国摄影出版社

　　　　　地址：北京市东城区东四十二条 48 号　邮编：100007

　　　　　发行部：010-65136125 65280977

　　　　　网址：www.cpph.com

　　　　　邮箱：distribution@cpph.com

印　　刷：北京启航东方印刷有限公司

开　　本：16 开

印　　张：18.5

版　　次：2016 年 9 月第 1 版

印　　次：2019 年 10 月第 2 次印刷

Ｉ Ｓ Ｂ Ｎ 978-7-5179-0461-8

定　　价：98.00 元